向上认知

一个人永远赚不到，超出自己认知范围的财富

［日］古川武士 / 著　　刘雨桐 / 译

台海出版社

北京市版权局著作权合同登记号：图字01-2022-5500

NAZE, ANATA HA KAWARENAINOKA0 ©Takeshi Furukawa 2016 All rights reserved. Originally published in Japan by KANKI PUBLISHING INC., Chinese (in Simplified characters only) translation rights arranged with KANKI PUBLISHING INC., through YOUBOOK AGENCY, CHINA

图书在版编目（CIP）数据

向上认知／（日）古川武士著；刘雨桐译. -- 北京：台海出版社，2023.1
ISBN 978-7-5168-3434-3

Ⅰ.①向… Ⅱ.①古…②刘… Ⅲ.①成功心理－通俗读物 Ⅳ.①B848.4-49

中国版本图书馆CIP数据核字(2022)第212804号

向上认知

著　　者：〔日〕古川武士　　　译　　者：刘雨桐

出版人：蔡　旭　　　　　　　封面设计：红杉林
责任编辑：戴　晨

出版发行：台海出版社
地　　址：北京市东城区景山东街20号　邮政编码：100009
电　　话：010-64041652（发行，邮购）
传　　真：010-84045799（总编室）
网　　址：www.taimeng.org.cn/thcbs/default.htm
E－mail：thcbs@126.com

经　　销：全国各地新华书店
印　　刷：天津中印联印务有限公司

本书如有破损、缺页、装订错误，请与本社联系调换

开　　本：880毫米×1230毫米　　1/32
字　　数：110千字　　　　　　　印　　张：6
版　　次：2023年1月第1版　　　印　　次：2023年1月第1次印刷
书　　号：ISBN 978-7-5168-3434-3

定　　价：52.00元

版权所有　　翻印必究

前言

为什么我们无法改变自己

正在阅读这本书的你,一定有"想要改变自己""想要改变人生"等想法吧。

很多人虽然在工作、恋爱、人际关系、金钱、健康等方面有所期待,但苦于无法实现,有时甚至会做一些明知不该做的事。我也是这样的。

著名心理学家R. D. 莱恩说过:"理性思考的行动范围会被没有意识到的事物限制。正因为没有意识到,我们几乎无法针对这些事物做出改变。没有意识到的事物甚至让我们无法知道自己的思维和行为已经受到了限制。"

　　说出来有些不好意思，但十年前的我的确是这样的。

　　我曾经奉行超级完美主义，凡事都有自己的讲究，不管哪一个环节没有做好，我都会耿耿于怀。结果，手头的工作越积越多，渐渐地，工作到后半夜两点、周末加班成了我的生活常态。即便如此，我还是浑浑噩噩的，不知道手头的工作能为我的未来带来什么好处。

　　而且，如果公司项目会议要用的资料没准备好，或者进度比预想的慢，我就会不由自主地对同事发泄焦躁的情绪。

　　进入社会的十年里，我打着自我投资的旗号，把钱花在了买书和培训上，几乎没什么存款。那时，我一直背着教育贷款，是一名"自我启迪式穷人"。

　　在恋爱方面，即使有喜欢的女性，我也不敢向对方表达真实想法。有一段时间，我很少参加相亲活动，恋爱之路非常不顺利。

　　此外，我特别害怕看牙医。高中时我曾在治疗牙齿时体验到了剧痛，自那以后，我就因为害怕看牙医而放任蛀牙发展。虽然我知道这样是不对的，但每次都会拖到神经痛才去看牙医。牙医总是批评我来得太晚。

为了改变自己，我开始发奋学习英语，考专业证书，早起，去健身房，可无论哪件事都坚持不了一个月。我十分讨厌自己这种缺乏恒心、做事难以坚持的性格。

就这样，工作、恋爱、健康、自我启迪等各个方面都出现问题，我陷入恶性循环，幸福感越来越低。我对无法改变的自己感到焦躁，进而产生了自我厌恶情绪。

为了提升自己，我看了许多有关自我启迪的书，也参加了各种昂贵的培训班和讲座，但本质上没有发生任何改变。

我想做出改变，但实际上无法改变。

我曾以为这是性格问题，因为我是一个怯懦、追求完美、急躁、易怒的人。

其实，无法改变并不是性格问题，而是因为我们在无意识中被"根深蒂固的思维习惯"影响了。

这种无意识产生的根深蒂固的思维习惯被称为"认知"。认知形成于童年时期，一直藏在我们的内心深处。

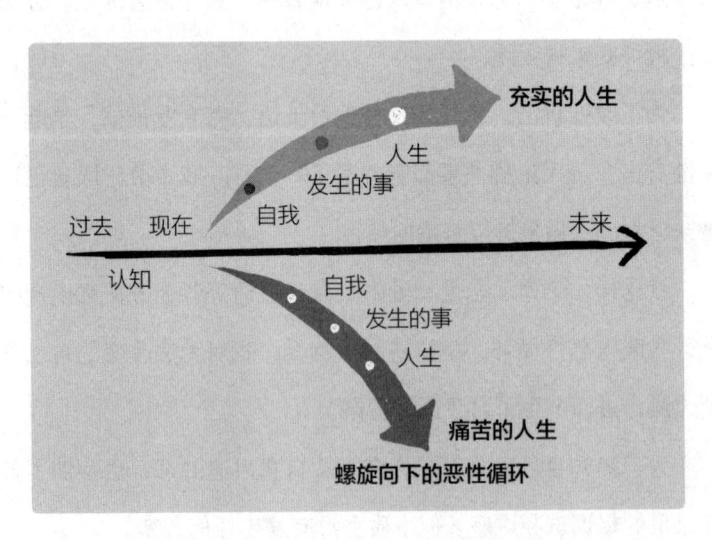

[图示：认知决定人生的行为模式循环，包含"过去—现在—未来"时间轴，上方箭头指向"充实的人生"，标注"自我、发生的事、人生"；下方箭头指向"痛苦的人生"，标注"螺旋向下的恶性循环"]

认知能决定人生的行为模式循环

这种无意识的思考正是认知。从童年开始，认知一直无形地掌控着我们的行为和情绪。

如果无法改变内心的认知或者认知角度，我们就会始终重复同样的行为模式。

反过来说，如果我们能合理地利用认知（根深蒂固的思维习惯），就可以让自己从反复的焦虑、自我厌恶、不安、徒劳感中解放出来。

　　以我为例，如今的我专注于热爱的事业，能够独立撰写书籍，甚至能在国外演讲。虽然工作上需要和许多人合作，但我几乎不会对别人发泄焦躁的情绪。因为如今的我可以通过理性思考来控制自己的情绪。

　　此外，追求完美的强迫性观念消失了，我能判断什么时候需要全力以赴，什么时候可以适当放松，工作变得张弛有度，不再让我感到疲惫。

　　至于存款，曾经作为"自我启迪式穷人"的我改变了对储蓄的观念，每个月都将30%以上的收入用于储蓄。

　　我还完成了所有的牙科治疗，包括当时让我害怕得不得了的种牙手术。现在，我的牙齿非常健康，只需为了预防牙齿疾病定期去看牙医即可。

　　曾经做事没有常性的习惯也得到了改变。现在，我每天早上五点起床，然后运动、整理房间、写日记。

　　最后是恋爱方面。我遇到了深爱的女人，与她组建了幸福的家庭，孕育了我们的第一个孩子。

我之所以能够改变，靠的不是表面的知识、技巧或精神激励，而是因为我发现了内心深处的认知。

当然，发生改变的不仅仅是我。

我从听过我的讲座、向我咨询过、参加过我主办的培训班的三万人中收到了许多令人高兴的反馈。有人告诉我："我终于能鼓起勇气迎接新的挑战了！"还有人说："不管是工作还是家庭事务，都变得更顺利了！"

被称为"美国汽车大王"的亨利·福特有句名言："不管你觉得自己行还是不行，你都是对的。"

认知造就了现在的你，带你走到当下的位置。今后，积极的认知会带你走向更美好的未来。

我们只能感受到自己认知范围内的幸福，也只能在认知范围内采取行动。

不改变认知，就无法彻底改变自己的人生。

我的使命就是让更多人通过习惯化找到改变自己、改变人生的方法，并给予实践上的帮助。

为了完成这个使命，我撰写书籍，组织面向企业的培训班，参与国内外的演讲活动，开设习惯培养课程，开办专业学校，同时提供集体咨询。

在指导三万人学习的过程中，我深切地感受到，阻碍我们自我变革的正是根深蒂固的思维习惯。

前面提到过，认知是一种根深蒂固的思维习惯。性格没那么容易改变，但是思维只是一种习惯，所以能够改变。关于"通过认知改变人生"这个方法论，我积累了大量研究成果和实践经验，我将在本书中详细介绍这些内容。

书中有许多事例，为了遵守与客户的保密协定，这些事例均不是实际事例。在不影响真实感的前提下，我修改了这些事例的背景和具体内容。

本书并不是读完就能立刻改变自己的指导书，重点是如何从根本上改变影响你的行为和情绪的认知。

希望本书能够帮助你成为理想中的自己。

目录

第一部分 元认知：了解认知，了解自己

生活给我们的各种束缚，表面上看起来束缚的是时间、金钱、人际关系，实际上束缚的是我们的内在心灵。

第一章 认知越清晰，行动越坚定	3
认知背后的秘密	5
想改变却无法改变的五类人	9
认知究竟是什么	13
积极认知和消极认知	20

人为什么会产生认知　　　　　　　　　　23
你看不顺眼的人其实是你心中讨厌的自己　　28

第二章　看到成长的可能性　　　　　　　33
七种具有代表性的消极认知　　　　　　　35
三种因人生经历而不断强化的认知误区　　43
改变认知的五个要点　　　　　　　　　　51

第三章　改变自我认知的记录习惯　　　　61
三个步骤，改变自我　　　　　　　　　　63

第四章　如何养成良好的习惯　　　　　　85

第二部分　元行动：自我复盘，终身成长

　　拥抱积极、正向的认知，学会从各种束缚中解脱出来，让自己的心灵重获自由，过上令自己满意的人生。

第五章　改变容易焦躁的自己　　91
容易焦躁而无法与他人和谐相处的A女士　　95
A女士的解决方案　　97
认知课堂：转移注意力　　105

第六章　改变容易情绪低落的心态　　107
认为自己很差劲，容易情绪低落的B先生　　111
B先生的解决方案　　114
认知课堂：多自我肯定　　121

第七章　成为不怕失败、勇往直前的自己　　125
因一成不变的生活而感到烦闷的C女士　　129
C女士的解决方案　　131
认知课堂：降低心理预期　　139

第八章　改变追求完美的自己　　141
追求家庭和工作皆完美而疲惫不堪的D女士　　146

D女士的解决方案	148
认知课堂：设定节点	155

第九章　成为能明确表达主张的自己　157
为了维持"老好人"形象而忍耐到极限的E先生	160
E先生的解决方案	163
认知课堂：有效表达自我主张的技巧	171

后记　173

第一部分

元认知：了解认知，了解自己

生活给我们的各种束缚，表面上看起来束缚的是时间、金钱、人际关系，实际上束缚的是我们的内在心灵。

不知道你是否有以下习惯：喜欢从最简单、最舒适的部分开始工作；沉迷于娱乐信息，醉心于周边琐事，却无力做与自我成长有关的重要事情；希望坚持21天就能立刻瘦10斤，达不到预期目标就会马上变得焦虑；花大量时间寻找有干货的文章，收藏了就不会再点开看了；花很长时间制订了一个完美的计划，但是执行了几天就搁置了。

很多时候，我们对做起来困难的事物缺乏耐心是因为看不到全局，不知道自己身在何处，总是凭借天性和自我情绪去衡量外部世界的反馈。

我们的认知储备的客观规律越多，就越容易定位自己所处的阶段和具体位置。这样一来，我们就越能预估未来可能产生的结果，进而促使我们持续行动。

如果你想把"改变自己"这个口号切实转化为改变和提升自己的行为，这本书将很好地帮助你实现这个想法。

本书由两个部分构成。

第一部分揭示了操纵我们行为和情绪的认知是什么，以及如何应对。由于认知是看不到的，所以我们可能很难掌握它的全貌。但随着阅读的深入，你一定会震惊于它带给我们的巨大影响。

第二部分以第一部分的内容为基础，结合具体事例详细说明了改变自己的具体方法。

那么，请赶快开始阅读吧。

第一章

认知越清晰，行动越坚定

→

认知背后的秘密

为了方便大家理解什么是认知，请允许我在这里介绍一个令日本互联网企业家堀江贵文号啕大哭的童年秘闻。

堀江贵文曾经参演过一档名为《解决！99答案》的电视节目，除了他，还有十几个"毒舌"评论员一同参演。

那期节目的主题是"为什么堀江贵文这么讨人厌"。几个评论员批评堀江在IT行业泡沫时代挥霍无度、利欲熏心。

虽然堀江贵文一直态度强硬，主张自己并不崇尚拜金主义，但评论员认为，在充斥着拜金主义的环境里，他必会受到影响。双方展开了激烈的争论。

这时，发生了一件耐人寻味的事。心理咨询师心屋仁之助从一个完全不同于其他评论员的角度进行了分析:"堀江先生其实是为了排解寂寞才不断前进的吧?不管做多少事,内心都无法得到满足,所以只能让自己变得忙碌,以排解内心的寂寞。"

接下来,他开始分析堀江贵文的童年。他问堀江贵文:"堀江先生是为了摆脱过去才这么努力的吧?你小时候和父母的关系怎么样?"

于是,堀江贵文谈起了他的童年。

"其实我不知道幸福的家庭是什么样的。我是独生子,没有兄弟姐妹。父母忙于工作,家里总是没人。我母亲从来没有表扬过我。最让我生气的是,我考上东京大学的时候,她跟邻居说我是侥幸考上的。我特别生气,想反驳她'靠侥幸考不上东京大学'。上大学后,我几乎没有回过家。"

堀江贵文大学时代创办了一家公司,事业有成,成了有钱人。于是,身边的人开始赞赏他、奉承他。

心屋仁之助分析,堀江贵文之所以努力学习,向往东京,创办公司,拼命工作,都是因为他不愿意再变回曾经那个孤独的自己,想填补内心的空虚。也就是说,他这种不断追求更大的发展,不断扩展事业版图的行为在旁人看来似乎是崇尚拜金主义的表现,实际上只是"想要被爱""逃避孤独"等心理引发的行为。

堀江贵文一改之前对待其他评论员时强硬的态度，坦率地表示赞同心屋仁之助的分析，并表示"第一次有人这么说"。

但心屋仁之助认为，堀江贵文心中认为自己不被爱的想法其实是错误的，他误解了自己。

那么，怎样才能摆脱这样的连锁反应呢？

心屋仁之助建议堀江贵文重新审视过去，认同曾经在乡下生活的自己，并且建议他与母亲面对面谈谈。

但堀江贵文强烈反对："绝对不可能！不行！"

最后，节目组朗读了堀江贵文的母亲写给他的信。这是个送惊喜的环节，堀江贵文事先并不知情。那封信字里行间充满了母亲对堀江贵文的爱。堀江贵文当场号啕大哭，哽咽着说："我母亲太不会表达感情了，她是个笨拙的人。我和她一模一样，我也不会表扬下属或员工。我跟我母亲在这些奇怪的方面真的很像。"

从表面上看，堀江贵文的行为像崇尚拜金主义的表现，其实这种行为的根源是"自己不被爱"这个认知。

听了这个故事，你有没有感觉到，有时我们会被内心看不到的某些东西操纵？

要想改变自己，改变人生，就要改变操纵行为的认知。

但是，意识到自己的认知不是一件简单的事。

为了帮你找到内心深处的认知，本书提供了许多事例，以供参考。

> **要点**
> 只有能够直面认知的人才能改变自己。

想改变却无法改变的五类人

经常感到焦虑，不由自主地陷入低落情绪，轻易答应别人的要求而让自己疲惫不堪……

我们总是在不知不觉间重复同样的行为模式。

之所以会这样，是因为我们的底层认知总是在背后操纵我们的行为。认知的惯性让我们像机器人一样做出各种行动，没有得到及时纠正的认知偏差非常容易让我们的行动与实际目标产生偏差，导致事与愿违。

由于认知是一个抽象的概念，所以很多时候没有具体事例就很难解释清楚。接下来，让我们通过五个想改变自己却无法改变的事例来看看什么是认知。

这些都是认知造成恶性循环的典型事例。本书第二部分会详述他们是如何意识到自己的认知并改变的。

类型1：因为容易焦躁而无法与他人和谐相处的A女士

（女性、会计、三十岁）

类型2：认为自己很差劲，容易情绪低落的B先生

（男性、工程师、四十五岁）

类型3：因一成不变的生活而感到烦闷的C女士

（女性、销售人员、三十三岁）

类型4：追求家庭和工作皆完美而疲惫不堪的D女士

（女性、人事专员、三十五岁）

类型5:为了维持"老好人"形象而忍耐到极限的E先生（男性、法务、四十五岁）

在以上五种类型中,有和你相似的人吗?

详情请见本书第二部分。

认知究竟是什么

认知就是你认为正确的想法,即"下意识坚信的想法"。例如,下面这些想法就是认知。

①对自己的认知(我是什么样的人)

"我是……的人。""我做不到……"

例:我学习好。我不服输。我很快就能从失败中振作起来。

　　我学习不好。我易怒。我容易意志消沉。

②对他人的认知(别人是什么样的人)

"别人是……的人。"

例：不能信任别人。

如果不严厉地对待他人，对方就会变得怠惰。

人被表扬就会进步。

③对世界的认知（世界是什么样的）

"世界是……的。"

例：努力的人不会被世界辜负。

世界是不公平的。

世界上到处都是危险。

世界上到处都是机会。

④理想规则

"必须……"

例：必须提前十分钟到达约定地点。

必须保持房间整洁。

⑤禁止规则

"不能……"

例：走路的时候不能玩手机。

工作不能泄气。

不能浪费时间。

不能浪费钱。

⑥夸大解释法则

"……是……"

例：文化水平低的人普遍收入低。

男人流泪是软弱的表现。

⑦结果法则

"……就……"

"不……就不能……"

例：努力就会有回报。

学习不好就进不了好公司。

平时我们意识不到认知的存在，但认知是思考的大前提。

在生活中已经出现错误行为模式的情况下，如果不知道其根源在哪里，就会数十次、数百次地重复相同的行为。

认知是什么

你认为正确的下意识坚信的想法

▶ **认知的特征**

①是先入为主的观念和固有观念的根源

②是绝对的、没有例外的思维方式

③是对自己、他人和世界的认知

④是判断事物和人的标准（好坏、喜恶等）

⑤是行动和禁止规则的根源

⑥是成功和失败的根本原因

▶ **种类**

①对自己的认知（"我是……的。"）

②对他人的认知（"别人是……的。"）

③对世界的认知（"世界是……的。"）

④理想规则（"必须……"）

⑤禁止规则（"不能……"）

⑥夸大解释法则（"……是……"）

⑦结果法则（"……就……"）

为了让大家更好地理解认知，下面介绍一个朋友向我咨询的事例。

安田是一位三十多岁的男性，性格沉稳，看上去非常温柔。

让安田烦恼的是，他总是不由自主地对家人发脾气。真是令人意外的烦恼。

作为朋友，我从没见过他发怒、大喊，也完全想象不到他生气地吼人是什么样子的。

他向我讲述了一些他发脾气的具体事例。我发现他并不是对所有家人（妻子、儿子、女儿）都爱发脾气，只是常常不由自主地对儿子说重话。

他的儿子放学回到家后总是随手乱扔衣服和书包，课本也放得到处都是，将客厅弄得乱七八糟。安田往往会以极其强硬的口吻要求儿子："喂，快去收拾！"正处于青春期的儿子总是顶嘴："真啰唆，知道了。"安田无法抑制自己的怒火，粗暴的话语脱口而出。结果，儿子开始闹情绪，和他冷战。家里的气氛在之后的两三天里一直糟糕透顶。

虽然事后安田会反省，但自从儿子进入青春期，此后的三年里常常发生这样的事。

于是，安田向我求助，和我一起寻找造成这种行为的深层认知。

我：为什么儿子不收拾东西会让你这么烦躁呢？

安田：因为不好好收拾就会变成懒惰的人。

我：那为什么只对儿子发脾气呢？

安田：如果我的女儿或者妻子不收拾，我只要严肃地说一次，她们虽然不情愿，但最终还是会收拾。可我儿子总是顶嘴。我特别烦这一点。

我：为什么儿子顶嘴，你就会生气呢？

安田：可能是因为觉得作为父亲的威严被挑战了吧。

从这个例子中我们可以看出，他的认知是"不收拾东西的人就是懒惰的人"。

所以，一旦有了这个认知，他就会重复以下行为模式：不收拾房间，儿子就会变得懒惰→作为父母，应该避免让儿子变得懒惰→批评儿子。

此外，他心里还有"孩子必须对家长言听计从""父亲必须有威严"等认知。正因如此，他才会对孩子的顶嘴行为产生难以抑制的愤怒情绪。

他之所以会产生这样的认知，是因为受到超级爱干净的母亲以及很有威严的父亲的影响。但这里我们只讨论认知本身。

像这样将认知转化为语言，就可以很清晰地了解安田的内心。认知是在无意识中产生的，所以本人很难察觉到。

因此，安田只能看到"容易动怒"这个表面上的烦恼。如果不仔细寻找，人很难发现藏在行为背后的认知。

认知是人在无意识中绝对相信的规则，是判断喜恶、好坏的标准。认知也是自我评价的基石，让人形成"我可以"或"我不行"等自我认知。认知会催生与之匹配的行为，进而在工作、恋爱、财富、健康等方面产生广泛的影响。

> **要点**
>
> 寻找支配自己的认知。

积极认知和消极认知

所谓消极认知,是一种引导人生走下坡路的思维习惯。遇到困难的时候,这种认知会让人情绪低落、放弃目标。

内心深处的消极认知会阻止你的行动,让你即使有想做的事也无法迈出脚步,不由得做出自己不想做的事。具体示例如下:

·想跳槽→(但是)我既没有过人的技能和充足的知识,也没有人脉。

·想考资格证书→(但是)我并不聪明,学习也没用。

·想对喜欢的人表白→(但是)我最喜欢的人不喜欢我。

・想进行自我投资→（但是）我对这种事知之甚少，可不存钱肯定会后悔。

而积极认知是一种引导人生走上坡路的思维习惯。它会激励你，有力地推动你采取行动，帮助你实现自己的目标，获得想要的结果。

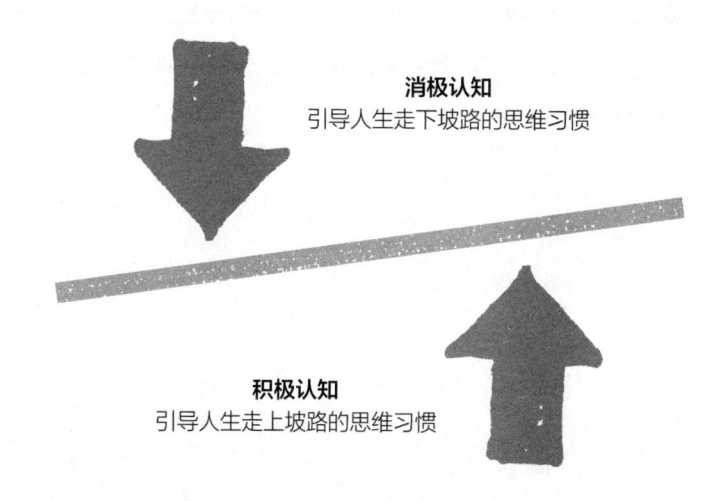

消极认知
引导人生走下坡路的思维习惯

积极认知
引导人生走上坡路的思维习惯

接触了三万人,我发现,什么事都做得很好的人都有积极认知。例如,"我很幸运""我很努力,也能坚持""只要行动,就一定有出路""这个世界会支持努力的人""支持别人的时候,自己也会变得幸福"。

用积极认知还是消极认知看待世界,会让我们的思考和行动大不相同。

后面会提到如何拥有积极认知。

要点

无论你相信自己能做到还是觉得自己做不到,你的想法都会成为现实。

人为什么会产生认知

为什么我们会产生认知呢？

原因有两个。

原因1：人本能地对安全感有依赖性

这里以我的"恐狗症"为例进行说明。

五岁时，我曾被路边的狗咬过一次。自那以后，即使我已经长大成人，依然很怕狗。哪怕遇到体形很小的吉娃娃，我也会害怕得后退。

情绪、行为、习惯

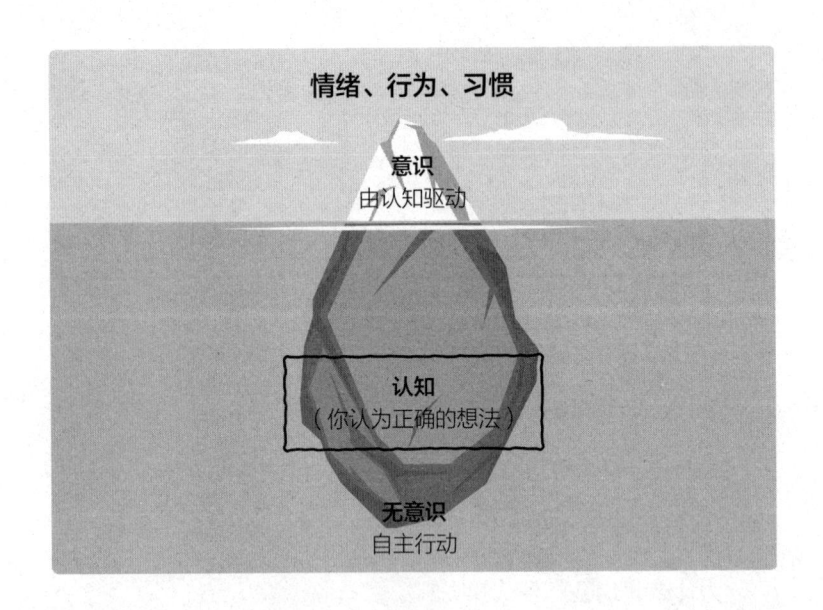

意识
由认知驱动

认知
（你认为正确的想法）

无意识
自主行动

　　我的大脑明明知道被吉娃娃咬了不会有生命危险，被狗咬的经历只有一次而已，但身体还是会自然地出现这样的反应。

　　我心里已经形成了"狗很危险"这个认知，所以条件反射般远离狗来保证自己的安全。

　　一旦认定了"狗很危险"，不管之后以理性的思维找出多少理由来说服自己，也很难对抗这种想法。为了保障自身的安全、安心、安定，认知产生了。

有些认知给人带来待在不会出错的安全区的感觉，例如以下认知：

·太任性会被父母反感，所以要听父母的话。
·太信任别人也许会被背叛，所以不能完全将任务委托给别人。

综上所述，产生认知的第一个原因是人本能地对安全感有依赖性。

原因2：大脑无法理解真实的世界

第二个原因是，大脑能够意识到的事物是有限的，正因如此，大脑无法理解真实的世界。如果我们不在一定程度上过滤信息，进行取舍，我们的大脑就会变得混乱。就像我们走在大街上，并不能记住所有店铺和所有路人。

每个人都在以自己独特的方式看待真实的世界。

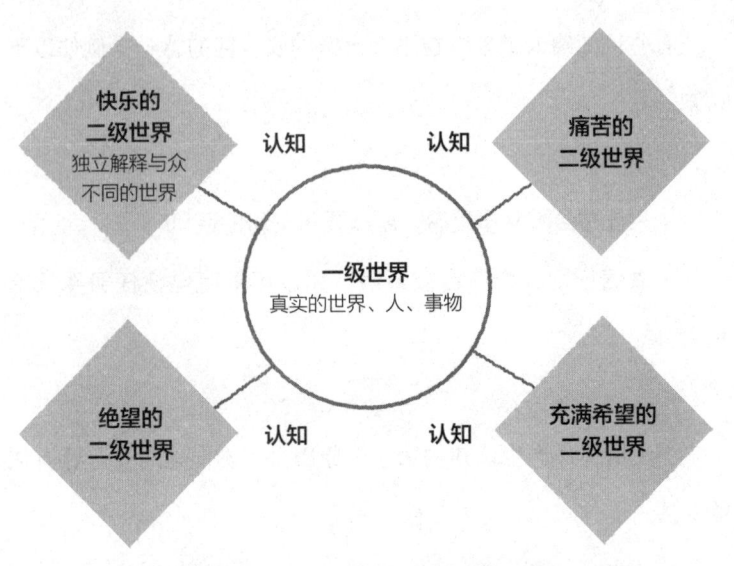

```
         快乐的                            痛苦的
         二级世界        认知    认知      二级世界
      独立解释与众
       不同的世界
                       ┌─────────┐
                       │ 一级世界 │
                       │真实的世界、人、事物│
                       └─────────┘
         绝望的         认知    认知      充满希望的
         二级世界                          二级世界
```

世界上七十多亿人的二级世界各不相同

下面以上图为例进行简要说明。

真实的世界、人、事物作为事实存在着，这就是一级世界。我们会通过独特的"过滤器"——认知——来看待一级世界。

通过认知看到的世界并不是真实的世界。我想将其称为二级世界。我们认定的现实是通过自己的认知描绘出的二级世界。

世界上的七十多亿人看到的二级世界各不相同。

所以，即使生活在同一个世界上，有人觉得安全，有人觉得危险；对待同一个人，有人喜欢，有人讨厌；面对同一件事，有人享受其中，有人痛苦不堪。

我们无法改变一级世界，但可以通过改变看待世界的方式来改变二级世界。

你可以决定自己生活在怎样的世界里。

如果大脑直接接收了过多来自一级世界的信息，就会变得混乱，所以我们心里会自动生成一个"过滤器"，以便于理解世界、人、事物。这就是产生认知的第二个原因。

如果我们看到、听到、感受到的世界随着看待世界的方式的改变而改变，是否就能看到希望？

> **要点**
>
> 你眼中的真实世界，其实是独属于你的二级世界。

你看不顺眼的人其实是你心中讨厌的自己

大家都有看不顺眼的人。

实际上，你看不顺眼的人正是你心中"讨厌的自己"的投影。

可能你现在无法认同这个观点，接下来我会举两个例子进行说明。

鸟井在一家风投公司工作。她是公司最年轻的海外分公司总经理，是一个名副其实的女强人。有决断，很可靠，她是女性后辈们憧憬的对象。

她最看不顺眼的就是爱撒娇的女性，还说看到那些穿着轻飘飘的裙子撒娇的女性就难受。如果这类女性与自己有工作往来，她还能冷静对待，但其他情况下她总是躲着这样的人。她说，自己从学生时代起就不喜欢这样的女性。

鸟井之所以对这样的女性反应如此敏感，正是因为认知。

那么鸟井到底有怎样的认知呢？

鸟井之所以能在事业上取得成功，在竞争社会中取得胜利，就是因为她有这两种强烈的认知——"女性必须具备独立生存的能力""绝对不能输给男性"。

她之所以产生这些认知，是因为受到了她父亲的影响。

她的父亲很想有个儿子，却只有鸟井一个女儿。她记得自己小时候，父亲总是羡慕地看着在附近打棒球的男孩们。鸟井很难过，觉得自己好像不应该出生。

父亲总对她说："不能输给男人！"她参加赛跑赢了男孩的时候，父亲会摸着她的头骄傲地称赞她。

由于受到父亲的影响，她产生了"只有努力拼搏，不输给男人才会被爱"这种认知。而爱撒娇的女性恰好违背了她的这种认知。

如果她发现"依靠男人可以生存，也可以被爱"，那么她曾经相信的世界可能会崩塌。

下面再举一个例子。

板仓是一位在工厂行政部门工作的女性。她非常讨厌工位在她旁边的一个男同事，因为他邋遢、懒惰，开会总是迟到，经常不在规定期限内完成工作，还经常在最后关头向她求助。而最让她讨厌的一点是，即使他那么懒，身边的人还是很喜欢他。

板仓每天早晨四点起床做家务，学英语，比别人早一步开始工作。为了能准时去托儿所接孩子，她努力提高工作效率，争取每天按时下班，并且尽量避免给身边的人增加负担。

她内心的认知是"只有努力才能被认可""必须一直努力"，所以拼命抑制想偷懒的想法，不懈地努力着。

在板仓很小的时候，她的母亲过得很辛苦。

她的父亲是个大男子主义的人，花钱没有节制，还欠了赌债。母亲只好一边还债，一边养活三个孩子。弟弟妹妹性格自由、任性，还需要人照顾，板仓总是看到母亲在晚上独自哭泣的样子。

身为长女，板仓要帮妈妈做家务，还要照看弟弟妹妹，在学习上也付出了很多努力。母亲总是抱着她表扬道："你这么努力，帮了妈妈大忙。"

最爱的母亲对她说的话让她产生了"努力就会被爱"这种认

知,所以她做任何事都拼尽全力。

因为她严格地抑制内心想放松、享乐的欲望,所以看到生活轻松却能被爱的人会觉得非常讨厌,无法忍受。这样的人是她心中被否定的那一类人。

这样看来,你看不顺眼的人可能是不被接纳的自己的投影。

我们无法改变他人,但可以改变自己。

如果看不顺眼的人有很多,就要重新审视一下内心不被接纳的自己。

拥有"必须不断努力"这种认知的人会责骂不努力的人。

拥有"必须完美"这种认知的人看到错别字满篇的资料会暴跳如雷。

拥有"男人必须坚强"这种认知的人看不起容易感动、落泪的男人。

拥有"必须遵守规则"这种认知的人会视违反规则的人为不守纪律之人。

拥有"不能被人讨厌"这种认知的人对说话直白的人很反感。

即使你想远离看不顺眼的人,他们还是会成为你的上司、你的邻居,在现实中包围你。换句话说,如果你改变认知,看不顺眼的人会大大减少，人际关系方面的压力也会得到缓解。

美国著名教育家约翰·布雷萧有一段话很好地阐释了认知与其创造的世界的关系。就用这段话来结束这一章吧。

我们的认知创造了我们坚信的世界。

我们的情绪、思考、态度投射于世界中。

我们可以通过改变对世界的认知来创造一个不同的世界。

是内心的状态构筑了外在的状态，而不是外在的状态构筑了内心的状态。

> **要点**
>
> 你看不顺眼的人就是被你否定的自己。

第二章

看到成长的可能性

→

七种具有代表性的消极认知

人心中的基础认知是多种多样的。接下来介绍一些具有代表性的消极认知,希望能够帮助你探寻自己的认知。

认知1:"没有人爱我"

表现为"展现真实的自己就不会被爱""觉得自己被排挤了""做事前会刻意想一下别人的反应""做事的时候会主动迎合他人的期待"。

听起来这些认知可能有些极端,但有不少人在心底这样贬低自己,控诉自己没有被爱的经历。结果就是,无法接受真实的自己，导致产生自我否定的想法。

认知2："我很差劲"

这种认知产生于和他人的比较中。当你和他人进行比较，就会产生优劣之分。在童年时期面对优秀的兄弟姐妹或同学时，一旦因为某些事情感到自卑，就会形成这种认知——怀疑自己存在的意义和价值，需要通过他人而不是自己去认同自己身上的闪光点。

例如，童年时期觉得自己不如姐姐能力强，这种认知会在自己步入职场后不断被夸大解释为"我能力不足""我很差劲""我的原则很容易动摇""遇到令自己不愉快的事情也要忍着，不能表现出来"。而且，拿自己的缺点和他人的优点进行比较，更容易让自己沮丧。

认知3："我做不到"

有些人倾向于将所见所闻和经历过的事情放在心里消化，并且形成一套有自己见解的独立思想体系，框架感很强。

这种认知可以用"马戏团里的大象"这个例子来进行说明。

马戏团里的大象即使被很细的绳子拴住也不会逃跑。它们已经放弃了逃跑。

这是因为它们在还是幼象的时候,曾经多次试图拉扯绳子逃跑,但都没能成功逃脱。现在即使体形变大了,能够轻松地挣脱绳子,它们也不再有逃跑的念头。这就是"习得性无力感"。

如果你曾经像马戏团里的大象一样,尝试过许多次都没有成功,就很容易产生"我做不到"这种认知。特别是童年时期体弱多病、在学校受欺负等经历,更容易让人产生这种认知。

拥有这种认知,长大后面对自己想挑战的梦想或者被上司派新的工作任务时,就会涌现出"这么难的事我根本就做不到"等想法,还会产生缺乏自信的无力感。

认知4:"不完美就没有价值"

"不完美就没有价值"这种认知是一种带着偏见的美学观点。用0分和100分这两个极端的标准来对事物进行判断,会成为我们挑战新鲜事物的阻碍。

学校教育一直以对或错为标准对学生进行评价。所以,我们倾向于注重消除弱点，而不是发展优势。此外，社会上也有一种讨厌错误的风气。

但事物没有那么简单，不能单纯用"对或错""0分或100分""好或坏"来判断。如果总想着不完美就没有价值，容易导致自我否定。

认知5："不能被人讨厌"

与家人、同事、朋友维持良好的关系是很重要的。但是，如果过度在意他人的评价，不敢被人讨厌，不敢被人批评，不敢被人拒绝，就无法过上自己真正想要的生活，还会极度缺乏安全感，渴望得到别人的肯定和认同。

一个常见的例子是，虽然想跳槽，但是因为担心被上司责备或者被同事当作叛徒而无法行动。这是典型的"不能惹对方生气""不能被拒绝"认知。

认知6："不能信任别人"

童年时期被霸凌过、被朋友背叛过、被同学说过坏话的人很容易产生"不能信任别人""别人会背叛自己"等消极认知。这样的认知可能会让人无法对爱人产生深厚的感情，无法信任下属，无法在遇到困难时向别人求助。

认知7："不能浪费时间"

是不是很多人都有过"快到约定的时间再出发""早五分钟出门就能赶上了"等想法呢？很多抱有这种想法的人觉得早到会浪费时间，所以最后一刻才出门。他们认为早到是浪费时间，恰好赶到才是最高效地利用时间的方法。

但是，如果你因为时间紧张而走错路，或者因为迟到而损害了自己的信誉，就会得不偿失。

以上这七种消极认知有没有和你的情况相符的呢？第40—42页列出了其他常见的消极认知。

要点

审视自己心中是否有这七种具有代表性的消极认知。

①如何看待自己——对自己的认知

☐ 我难以坚持。　　☐ 我性格不好。

☐ 我不正常。　　　☐ 我意志力薄弱。

☐ 我很冷漠。　　　☐ 我很笨。

②如何看待他人——对他人的认知

☐ 不可以相信别人。

☐ 如果不严厉对待他人,对方就会变得怠惰。

☐ 别人会在背后说我的坏话。

③如何看待世界——对世界的认知

☐ 世界是不公平的。

☐ 世界上到处都是危险。

④应该这样——理想规则

☐ 应该待人和善。

☐ 任何事情都应该尽快做完。

☐ 应该给别人留下好印象。

☐ 凡事都要成功。

☐ 必须遵守规矩。

☐ 必须听上司或者父母的话。

⑤不能这样——禁止规则

☐ 不能太张扬。

☐ 不能让自己在他人心中的评价变差。

☐ 不能做丢脸的事。

☐ 不能浪费时间。

☐ 不能输给别人。

☐ 不能被他人支配。

☐ 不能懒散。

☐ 不能依靠别人。

☐ 不能犯错。

☐ 不能给周围的人添麻烦。

☐ 不能给别人留下"以自我为中心"这个印象。

☐ 不能浪费钱。

⑥A就是B——夸大解释法则

☐ 赚钱是肮脏的事。

☐ 人生是否充实取决于工作。

⑦A会导致B——结果法则

☐ 不好好做事会被人指责。

☐ 好事后面总会跟着坏事。

☐ 结婚后会变得不自由。

三种因人生经历而不断强化的认知误区

认知误区1:"三岁看老"

认知究竟是怎么产生的呢?

其实,认知产生的背景与"三岁看老"这句俗语有关。

这句俗语的意思是,一个人小时候是什么样的性格,长大了就会是什么样的性格。

性格是由遗传因素和环境因素共同决定的。认知对性格有很大的影响。

认知的产生与小学之前的经历和环境息息相关。

请通过下面的事例了解后天形成的认知是如何产生以及强

化的。

飞田（即第10页提到的B先生）很容易产生"我不行""我做不到"等自我厌恶的情绪。

实际上，他能力出众，在工作上取得了非常耀眼的成绩。但是，他的脑海里总会反复出现"和其他人相比，我能力不行"这种想法。

于是，我开始在他的童年经历中寻找答案。

在寻找答案的过程中，我发现他的自卑感产生于幼儿园到小学时期。那时，他很胖，运动能力很差。在孩子的世界里，运动能力强的人往往更受欢迎，飞田因为跑得比别人慢而感到自卑。

因此，他产生了"不擅长运动的我很差劲"这种认知，并且一直持续到现在。

值得注意的是，他把"我不擅长运动"这个认知夸大解释为"我很差劲"。这是一种产生于童年时期的有偏见的自我否定，是一种误解。因为那时候的他只是不擅长运动，实际上学习很优秀，并非一无是处。

但童年时期的经历让他产生了"我很差劲"这种消极认知。

这就是认知的根源。更重要的是，我们的大脑一旦产生了一个认知，就会不由自主地寻找能够证明这一认知的经历。以飞田为例，他在回想以下经历时，越来越坚信"我很差劲"：

· 母亲叹着气和附近酒馆的阿姨抱怨："我儿子很胖，该怎么办啊？"我果然很差劲。

· 7岁的时候，母亲担心我因为太胖了而被人欺负。我总是让别人担心。

· 8岁的时候，因为太胖，不能参加接力跑或者翻单杠等运动。看着擅长运动的朋友，我觉得自己很差劲。

· 10岁的时候，邻居没有邀请我参加附近的棒球比赛。我很沮丧，他们可能觉得我会拖累他们吧。

· 16岁的时候，语文考试没及格。我很震惊，觉得自己连学习也不行，产生了自我否定的感觉。

不过，飞田小学的时候数学成绩很好，还得过绘画比赛的奖。虽然不擅长接力跑和翻单杠，但他在拔河和"骑马打仗"等项目中比别人有优势。

然而，这些与认知相悖的经历被忽略了，那些能够证明消极认知的经历形成了自我认知。

探寻认为自己很差劲的原因

- 42岁 项目失败
- 23岁 职场菜鸟恐惧症
- 19岁 没拿到学分，被父母训斥
- 16岁 高中第一次语文不及格
- 10岁 没被邀请参加棒球比赛，被朋友排挤
- 8岁 不擅长运动，很胖
- 7岁 母亲担心我因为太胖了而被欺负
- 5岁 母亲跟邻居阿姨抱怨我太胖了

正因如此，飞田才会在长大后依然被自我否定的认知所操控，重复同样的行为和情绪模式。

在回想童年经历和证明认知的过程中，认知不断强化。这就是为什么"三岁看老"成了人们深信不疑的观念。

为了让大家进一步理解认知产生和强化的过程，接下来再举两个例子。

> **要点**
>
> 一旦形成了认知，大脑就会不断试图证明其正确性。

认知误区2：不表露情绪就能维持和谐

饭村是一个非常不愿意表露情绪的人，就连他的妻子也说看不出他的真实想法。虽然他不是故意的，但无论是朋友还是同事都觉得和他相处始终有一定的距离。

饭村仔细一想，发现很少有人邀请他参加聚会，而且他以前总是无法对女朋友敞开心扉，经常相恋半年左右就分手了。

有人认为隐藏情感的行为是一种"美学"行为，但我总觉得这种行为和认知有关。

于是,饭村开始回忆过去。

饭村家共有五个孩子,他排行第三。他大姐和二哥总是因为吵架而被父母训斥,饭村常常充当和事佬,介入两人的争执。

那时的他认为,如果自己也将情绪表露出来,可能会破坏兄弟姐妹之间的关系,还会给父母添麻烦,所以不能表露自己的情绪。这对于调解家人关系,维持家庭和谐至关重要。

在学校里也是一样的。由于父母工作调动,饭村转了五次学,每次都是刚交到好朋友就要和对方匆匆告别。如果表露情绪,和对方变得亲密,告别的时候就会很痛苦。渐渐地,他不再和别人交流感情了。这是幼时的他对抗残酷现实的策略。

对幼时的饭村来说,"不表露情绪"是维持家庭和谐,减少转学带来的情感伤害的必要手段。

认知误区3:不亲近他人就能减少伤害

我想再举一个例子。

今村无法向喜欢的人表白。他觉得自己很晚熟,即使喜欢一起打工的女孩,也无法向对方表露心意。他与交往过的女朋友大多感情平淡，也难以长期维持关系。

为什么他无法对喜欢的人表白呢？

原来，今村曾经喜欢过同级的一个女孩。一天，今村和一个朋友一起回家，他喜欢的那个女孩突然出现了。她是来送情人节巧克力的。

但是，那份巧克力不是送给今村的，而是给今村的朋友的。这件事对今村来说是一个很大的打击。

今村远远地望着那一幕。自那一刻起，他心中产生了"我喜欢的人不会喜欢我"这个认知。他认为喜欢上一个人必定会伴随这样的伤害，所以，只要不向喜欢的人表白就不会受伤。

这种认知在他之后的人生经历中不断被强化。因为他无法对喜欢的人表白，所以他喜欢的人总会和别人交往。尽管今村后悔过，但"无法与喜欢的人在一起"这个认知还是在他的心中不断强化。

曾经为了自我保护而产生的认知至今阻碍着他的行动。

通过以上事例，我们能够得知，曾经坚信的想法会在今后的人生经历中不断强化，形成一些根深蒂固的认知。

接下来，我想介绍几个能帮助大家摆脱消极认知造成的恶性循环的方法。

> **要点**
>
> 曾经（一般为童年时期）的某个关键想法和之后不断强化该想法的经历创造了认知。

改变认知的五个要点

怎样才能改变认知呢？

改变认知的方法有很多，本书将介绍一种能独自实践的方法——培养记录习惯。

为了从根本上改变认知，必须先明确五个要点。

如果没有落实这五个要点，即使养成了记录习惯，也不过是形式上的，内心不会发生真正的改变。下面就来逐一介绍这五个要点。

切实改变认知的五个要点

● 要点1 ●

将思维转化为语言,让认知变得具体且可控。

● 要点2 ●

感谢认知的出现。

● 要点3 ●

让每天发生的小事与认知产生关联。

● 要点4 ●

保持怀疑态度。

● 要点5 ●

将消极认知转化为积极认知。

要点1：将思维转化为语言，让认知变得具体且可控

要想改变认知，将它转化为语言是必要条件——将思维转化为语言，就能更容易地意识到并控制思维。

很多认知都是带着偏见且不合理的，用语言表达出来会让人觉得不好意思，但我们会在无意识中理所当然地相信自己的认知。

只有将认知转化为语言，才能客观地看待它。有了客观的评价，才能冷静地面对。

此外，将自己的行为记录下来，可以帮助我们探索二维、三维的深层思维。

如果我们能够深入探索自己的内心，并且将认知转化为语言，就成功了一半。

要点2：感谢认知的出现

每个认知都有自己的产生背景。例如，我的"恐狗症"就是保护我不被狗伤害的必要认知。

但是，长大后，很多认知都变得没有必要。它们会带来很多麻烦，例如阻碍你实现梦想、不管积累多少成功经验都无法消除自我厌恶感等。

如果你想放弃某个认知，就要认同那些需要该认知的场景，并感谢该认知的出现。这样一来，无意识就会让我们安心地放弃这个认知。

在刚才的例子中，怕狗这个认知对五岁的我来说是很有必要的，但现在已经不需要了。

对曾经保护过自己的认知表示感激，能使理性认知之外的无意识领域区分过去和现在的不同。所以，我们应该找出认知产生的根源，并且感谢认知的出现。

要点3：让每天发生的小事与认知产生关联

能产生认知的经历大致可以分为两种。

第一种是"造成强烈冲击的经历"。

再次以我的"恐狗症"为例，虽然我只被狗咬过一次，但对年幼的我来说，那是让我浑身发抖的可怕经历。所以即使只发生了一次，当时产生的认知也非常坚定，让我从此不敢再靠近狗。

在经历强烈冲击的瞬间，认知就会产生。

第二种是"小事的积累"。

即使认知的根源只是一件小事，只要在之后的经历中不断得到证明，就会形成坚定的认知。

前面提到的"我很差劲"这个认知就是在反复经历各种小挫折的基础上被强化的。

综上所述，认知来自"造成强烈冲击的经历"和"小事的积累"。

这些认知是在无意识中形成的，如果想有意识地改变它们，可以尝试创造成功经验，将每天的小事和认知联系在一起。

要点4：保持怀疑态度

认知是我们坚信不疑的想法。如果不特意思考，通常没有质疑或反驳的余地。

这就是"绝对规则"，是没有例外的思维。

但是，只要我们对这些已经转化为语言的认知产生怀疑，就能推翻原有认知，开始改变。

这里以"我很差劲"为例进行分析。如果有人问你："你真的任何时候都很差劲吗？在任何领域都很差劲吗？"你大概能答出一些例外的经历，例如"虽然语文不及格，但是数学还不错"等。在这些例外中，藏着推翻消极认知的契机。

即使认知是滑稽且不合理的，我们也会对其坚信不疑。所以，找到能否定认知的例外是打破固有认知的重要一步。

要点5：将消极认知转化为积极认知

我们必须完全摒弃消极认知才能改变自己吗？

事实并非如此。认知可以弱化，但很难清除，也没有必要清除。

最重要的是，要确保自己不受认知在情绪方面和行为方面造成的负面影响。也就是说，我们的最终目标不是清除消极认知，而是弱化消极认知，减少它的存在感。

如果消极认知只会偶尔在面对某些事时出现，我们就可以很好地和它共处。

积极认知能够取代消极认知，在改变消极认知方面发挥强大的作用。如果将积极认知应用于日常生活中，就能让情绪和行为向期望的方向发展。

接下来，以这五个要点为基础，介绍能够改变认知的记录习惯。

> **要点**
> 了解能够切实改变认知的五个要点。

对认知的总结

定义	你认为正确的下意识坚信的想法。
存在的原因	人本能地对安全感有依赖性,拒绝变化,倾向于维持原状。
产生过程	①主要产生于童年时期的某个经历。 ②认知一旦产生,就会因为可证实该认知正确性的经历的增加而不断强化。
特征	①是先入为主的观念和固有观念的根源。 ②是绝对的、没有例外的思维方式。 ③是对自己、他人和世界的认知。 ④是判断事物和人的标准(好坏、喜恶等)。 ⑤是行动、禁止规则的根源。 ⑥是成功和失败的根源。

续表

种类	①对自己的认知("我是……的")。 ②对他人的认知("别人是……的")。 ③对世界的认知("世界是……的")。 ④理想规则("必须……")。 ⑤禁止规则("不能……")。 ⑥夸大解释法则("……是……")。 ⑦结果法则("……就……")。

第三章

改变自我认知的记录习惯

→

三个步骤，改变自我

本章要介绍的是能够改变认知的记录习惯。

为了让认知更接近你的理想，请按照以下三个步骤记录：

步骤1：寻找目标认知。

步骤2：弱化消极认知。

步骤3：强化积极认知。

本书的第二部分有许多具体事例，此处仅介绍记录方法。

记录的三个步骤

步骤1 寻找目标认知

> 从每天发生的事件中总结感受,寻找消极认知。
>
> **行动1** 每天花十分钟写心情日记。
>
> **行动2** 锁定目标认知。

⬇

步骤2 弱化消极认知

> 弱化会导致恶性循环的消极认知。
>
> **行动1** 寻找证明经历。
>
> **行动2** 寻找例外经历。

⬇

步骤3 强化积极认知

> 强化能引起良性循环的积极认知。
>
> **行动1** 树立积极认知。
>
> **行动2** 应用于不远的将来。

步骤1：寻找目标认知

首先，你需要寻找目标认知。

目标认知是指那些对你有负面影响的消极认知中你希望改变的部分。

你可能会找到多个消极认知，但如果同时解决多个消极认知，往往会徒劳无功。因为我们的心理拒绝改变。

因此，为了不在养成习惯的过程中遭遇失败，我们需要锁定一个目标认知。

可以从日常让你感到苦恼的行为或情绪中寻找目标认知，具体分为两个行动。下面以四十岁的男性伊藤为例，介绍如何养成记录习惯。

行动1　每天花十分钟写心情日记

为了客观审视让你陷入恶性循环的消极认知，建议养成每天写心情日记的习惯。

可能听到"日记"这个词你就觉得很麻烦，其实每天只需要花十分钟。你只要回忆当天让你产生情绪波动的事件，把内心的想法记录下来即可。

连续记录一星期,你就会发现反复给你的情绪和行为带来负面影响的特定认知是什么。

具体内容如下所示。

①事件

记录当天让你产生情绪波动的事件。

②内心的想法

真实地记录你对该事件的想法。你记录下来的语句中藏着帮你了解认知的线索。

③认知

每天记录认知的时候,不必深入分析。只要把事件和内心想法在脑海中模糊的内容记下来就可以。

④情绪

最后,评估自己产生的情绪和强度,以百分比的形式记录下来。以"最强烈的情绪是100%"为标准进行评估。只是大概的数值也无妨。

行动2　锁定目标认知

观察自己1至2周的心情日记，根据以下三个问题锁定目标认知：

"你的生活中频繁出现的认知是什么？"
"给你造成最大影响的认知是什么？"
"你最容易改变的认知是什么？"

一旦确定了目标认知，就用你最熟悉的语言记录下来。例如，如果"应该遵守时间"背后的真实想法是"迟到是无能的表现"，就将这个想法原原本本地记录下来。

记录时参照之前的内容，能帮助你更好地将认知转化为语言。

以上就是寻找目标认知的步骤。

下面以"我做事难以坚持"这个目标认知为例进行说明。

伊藤的十分钟心情日记

日期	事件	内心的想法
6月17日（星期三）	工作时被上司批评了。虽然自己有错，但是上司的指示也有问题。	上司闭口不谈自己指示错误的责任。如果他在批评我之前先说一句"我也有错"，我还能原谅他。人格上的问题无法原谅。
6月18日（星期四）	便利店的收银员动作太慢，让我心情烦躁。有个看上去像上司的人过来指导收银员，有这个时间还不如赶快接待顾客。真让人生气。	这个蠢货！把顾客当什么了？现场培训店员，让顾客等着，太怠慢顾客了。我要向你们公司总部投诉！
6月19日（星期五）	下属A告诉我今天签下了一个大客户，我不由得大喊了一声"太好了"。这一年他成长了很多。	经过一年的培养，小A终于独立了。体会到了指导他人的意义。今天的啤酒太好喝了。
6月20日（星期六）	今天是休息日。早上十点起床，懒散地看了会儿电视就十二点了。本来计划去跑步，最后完全没做到。	已经不下十次说要养成运动的习惯了，但总是一到周末就忘了。真想改变我这种难以坚持的性格。

续表

认知	情绪
作为上司，应该人格高尚。 因为自己的错误造成不良结果，却责备下属，非常可耻。	😣 焦躁 80%
应该把顾客放在第一位。 应该重视接待顾客的速度。	😣 焦躁 100%
经过培养，人一定会成长。 人只要坚持不懈，不断成长，就能做出成果。	🙂 舒爽 90%
我做事难以坚持。 我总是败给诱惑。	😖 自我厌恶 70%

续表

日期	事件	内心的想法
6月21日（星期日）	今天一大早就出门兜风了。妻子也感觉很放松。回程时堵车了，两个人吵了一架。	早上出门就能好好利用接下来的一整天，心情很好。果然应该安排一些周末早上做的事。回程时堵车了，我饿得有些焦躁，所以和妻子吵架了。我应该反省。
6月22日（星期一）	早上开会了。今天效率很高，会议一小时就结束了。但之后下属B犯错了，导致计划完成的事都没做完。我很烦躁，责骂了他，他的心情也很低落。	以后应该把晨会的时间限制在一小时内。磨磨蹭蹭地只会浪费时间。同样的错误下属B已经犯了三次，实在让人生气，没忍住骂了他。但事后仔细一想，我应该告诉他怎么解决。我应该反省。
6月23日（星期二）	今天加班到晚上十一点才回家。每天都没有属于自己的时间，感觉自己没安排好工作和生活，很失落。	决定每天早上制订一天的计划，早点去公司，但完全做不到。我的意志力太薄弱了。连自己定下的规矩都无法遵守，太丢人了。

续表

认知	情绪
一日之计在于晨。 肚子饿就会焦躁。	😊 舒爽　80% 😣 焦躁　40%
给会议设定时限就能提高效率。 总犯同样的错误是因为懒怠。	😊 舒爽　50% 😣 焦躁　30%
我安排不好工作和生活。 我没常性。 我无法遵守自己定下的规矩。	😞 自我厌恶　90%

> 步骤2：弱化消极认知

如前文所述，消极认知不可能被清除，只能将着力点放在弱化上。通过弱化消极认知，可以减少消极认知对生活带来的负面影响。

接下来，请看两个可以弱化消极认知的行动。

行动1　寻找证明经历

很多经历都可以当作消极认知的证据。如前所述，我们的大脑倾向于证明已经形成的认知，即使这个认知是带着偏见的。为了让大家理解怎样的经历能够强化消极认知，后文记述了五个具有代表性的证明经历。此处仍以伊藤为例，他找到了"我做事难以坚持"这个目标认知，写下了以下证明经历：

- 减肥失败。
- 想早起却总是失败。
- 想学的东西一样都没坚持下去。
- 想学英语，但买了教材不久就放弃了。

- 办了健身卡，但总不去锻炼，最后解约了。

行动2　寻找例外经历

我们会在无意识中忽略能证明认知错误性的例外经历。因为它们会妨碍我们维持认知。认知是为了保护自己而产生的坚定想法，例如"绝对是这样的""应该一直这样""这个人是这样的"等。要想推翻这些认知，正如前文所述，需要寻找例外经历。

寻找例外经历时，多问问自己："真的是这样吗？"或者"百分之百说得对吗？"即使是自认为无聊的小事，也要先记录下来。

伊藤找到了以下例外经历：

- 为了保持健康，每天早上都喝蔬菜汁。
- 每天在通勤的电车上读书。
- 高中时期坚持进行严格的训练，三年间始终参加社团活动。
- 如今的工作已经做了十五年。
- 工作第九年时，为了通过簿记一级考试（日本的一项会计类考试），每天早上学习三十分钟，坚持了一年，最终通过了考试。

你也可以尝试写出五个例外经历。

在回忆例外经历的过程中，我们对消极认知的坚持会发生动摇，消极认知也会逐渐弱化。而且，将来不断增加的例外经历会帮助我们走出消极认知导致的恶性循环。

步骤3：强化积极认知

最后，用积极认知改变情绪和行为。

请在过去的成功经历中找出积极认知。已经被证明正确性的认知立刻就能使用，而且非常有力。

为了给大家寻找积极认知提供一些思路，接下来举一个我的例子。

我的积极认知是，只要采取大量行动就能实现愿望。两段成功经历促使我形成了这种积极认知。

只要打三十通电话就能得到一次回应

刚工作的时候，我被分到了信息系统销售部门，负责发展新客户。我每天的工作内容就是给从未有过业务往来的公司打电话。起初，对方总是冷淡地拒绝我。

我一边打电话一边想："即使打了电话也没有公司愿意跟我谈谈。"但是，当我打到第十五家公司时，对方公司信息系统的负责人对我说："好的，那就请你详细讲讲吧。"

在日复一日打电话的过程中，我发现每打三十通电话就有一家公司愿意跟我谈谈。抱着这样的想法，即使被不客气地拒绝二十九次，我也不会受到特别大的伤害。

正因为当时我打了很多通电话，我的销售业绩连续两个季度都是最好的。

给三十三家出版社寄了出版企划书，最终成功出版了第一本书

如今，我已经出版了十三本书，也经常有人找我约稿。但是，六年前我写第一本书的时候，根本不认识出版行业的人。

那时，"只要采取大量行动就能实现愿望"这个认知发挥了作用。

我想，首先要多给几家出版社介绍这本书。于是，我列出了所有出版过我喜欢的书的出版社，一共是三十三家。然后，我一口气给这三十三家出版社邮寄了我的出版企划书。两天后，有两家出版社邀请我面谈。又过了两天，我又收到了四家出版社的回复。最终，一共有十一家出版社提供了报价。

正因为采取了大量行动，所以我在出版第一本书时就能挑选出版社。

对我们来说，最重要的是从概率论角度思考，并且采取大量行动。

有句谚语说："虽然枪法差，但多打几枪也能打中。"我的积极认知和这句谚语的中心思想相似——只要坚持多次尝试，就能成功。

你经历过的事以及从这些经历中总结出的想法会成为积极认知。

请先具体回忆一下你的成功经历。那些经历里一定藏着你期望拥有的积极认知。

接下来介绍两个可以强化积极认知的行动。

行动1　树立积极认知

在步骤2中，我们已经找到了消极认知的例外经历，其实这就是成功经历。请在这些成功经历中找到积极认知。

以伊藤为例，他在成功通过簿记一级考试这个成功经历中找到了以下三个积极认知：

①每天努力，一定会有结果

→这是他从一年间坚持每天学习三十分钟这个经历中体会到的道理。通过孜孜不倦的努力，他最终成功通过了曾以为绝对不可能通过的簿记一级考试。

②好运会眷顾不放弃的人

→在簿记一级考试的那天早上，他仍然坚持学习，没想到考试时发现试卷上有两道那天早上他看过的题目。好运会眷顾不放弃的人。

③只要有坚定的目标，就能坚持下去

→之所以在准备簿记一级考试时能坚持学习，是因为簿记一级证书对他的职业发展有帮助。高中时坚持参加网球社团也是如此。只要有坚定的目标，就能坚持下去。

像这样，试着从成功经历中寻找积极认知吧。可以用"人生中……""人会……""我能……"等句式总结适用于这些经历的认知。

行动2　应用于不远的将来

最后，将积极认知应用于今后的目标和行动，改变自己的情绪和行为吧。

伊藤的目标是，一年后通过中小企业诊断师资格（日本为中小企业提供经营咨询服务的国家认可的资格）考试。他将积极认知应用于每天的学习中，写下了以下计划。

①每天努力，一定会有结果
→只要坚持学习，总有一天会通过考试。

②好运会眷顾不放弃的人
→能做的事情要不放弃。要想被好运眷顾，就要坚持学习。

③只要有坚定的目标，就能坚持下去

→五年后获得中小企业诊断师资格，帮助处于亏损危机中的中小企业。

就这样，伊藤树立了"坚持学习，通过中小企业诊断师资格考试"这个认知。

以上就是用记录习惯改变认知的三个步骤。从第五章开始，我会用五个事例具体介绍如何通过记录习惯解决各种问题。

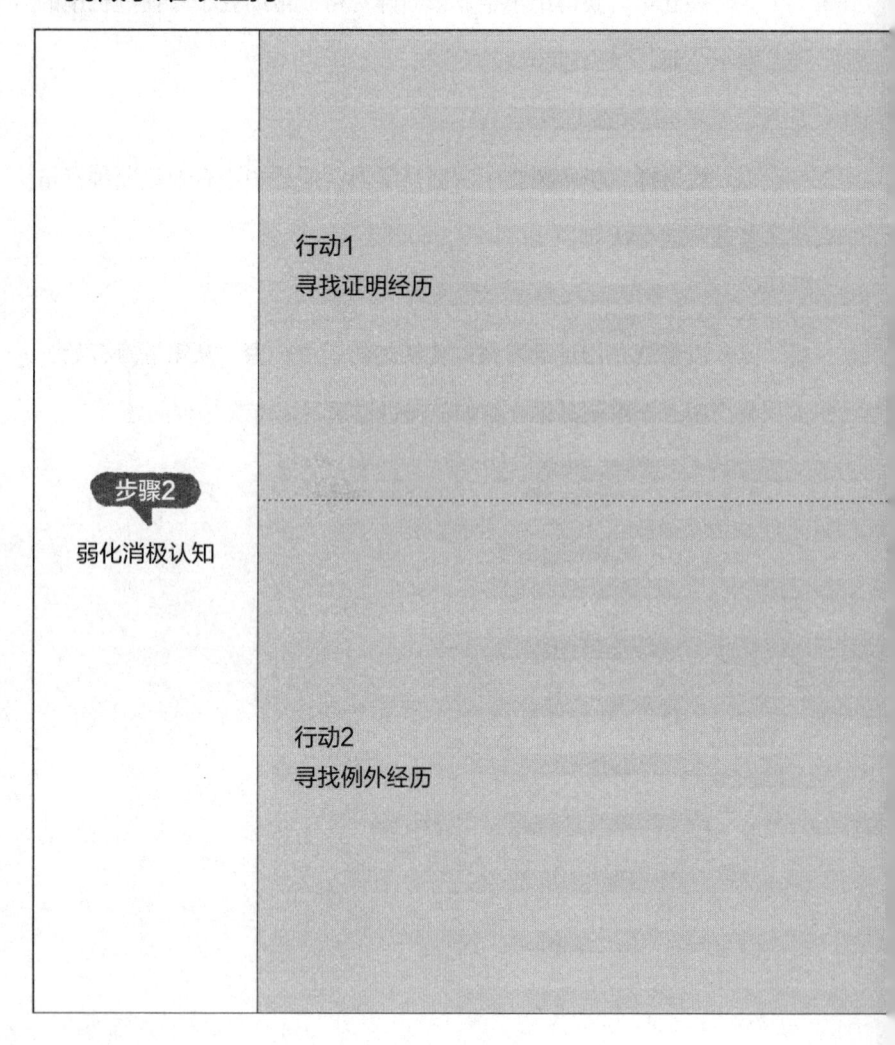

伊藤的目标认知：
"我做事难以坚持"

步骤2
弱化消极认知

行动1
寻找证明经历

行动2
寻找例外经历

- 减肥失败。
- 想早起却总是失败。
- 想学的东西一样都没坚持下去。
- 想学英语,但买了教材不久就放弃了。
- 办了健身卡,但总不去锻炼,最后解约了。

- 为了保持健康,每天早上都喝蔬菜汁。
- 每天在通勤的电车上读书。
- 高中时期坚持进行严格的训练,三年间始终参加社团活动。
- 如今的工作已经做了十五年。
- 工作第九年,为了通过簿记一级考试,每天早上学习三十分钟,坚持了一年,最终通过了考试。

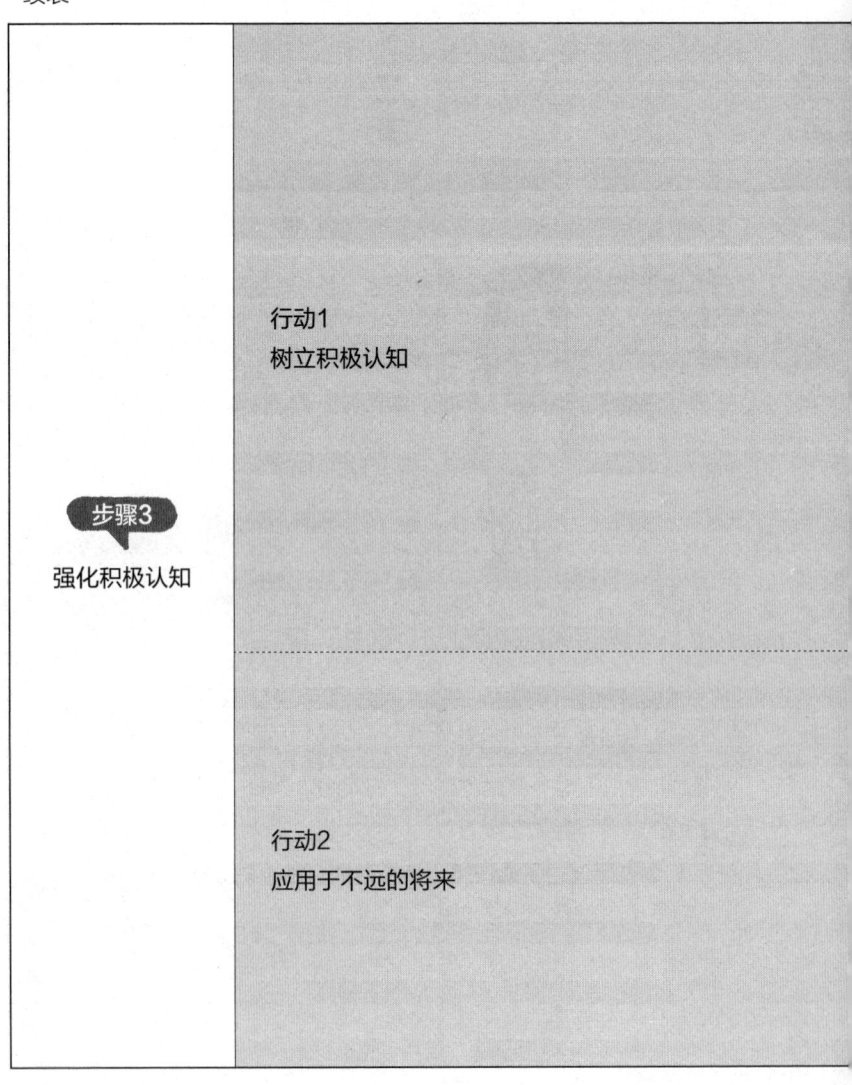

续表

步骤3 强化积极认知	行动1 树立积极认知
	行动2 应用于不远的将来

①每天努力，一定会有结果。

成功经历：这是他从一年间坚持每天学习三十分钟这个经历中体会到的道理。通过孜孜不倦的努力，他最终成功通过了曾以为绝对不可能通过的簿记一级考试。

②好运会眷顾不放弃的人。

成功经历：在簿记一级考试的那天早上，他仍然坚持学习，没想到考试时发现试卷上有两道那天早上他看过的题目。好运会眷顾不放弃的人。

③只要有坚定的目标，就能坚持下去。

成功体验：之所以在准备簿记一级考试时能坚持学习，是因为簿记一级证书对他的职业发展有帮助。高中时坚持参加网球社团也是如此。只要有坚定的目标，就能坚持下去。

目标：一年后通过中小企业诊断师资格考试。

①每天努力，一定会有结果。

→只要坚持学习，总有一天会通过考试。

②好运会眷顾不放弃的人。

→能做的事情只有不放弃。要想被好运眷顾，就要坚持学习。

③只要有坚定的目标，就能坚持下去。

→五年后获得中小企业诊断师资格，帮助处于亏损危机中的中小企业。

第四章

如何养成良好的习惯

→

前文所述就是能够改变认知的记录习惯，虽然步骤很多，但最后还要介绍五个坚持记录习惯的要点。

记录习惯是最好的培养耐心的方式。培养耐心是一件急不得的事情，不能急于求成。我们可以允许自己慢慢地积累和改变。无论结果如何，我们都要鼓励自己。

①坚持每天抽出十分钟写心情日记

记录习惯的基础就是养成写心情日记的习惯。

坚持记录能让你持续了解自己的认知。另外，通过记录，你会更容易发现自己的变化。

②列出消极认知和积极认知

记录1至2个星期，就可以通过心情日记锁定目标认知。然后，请列出自己的消极认知和积极认知，尝试弱化消极认知，强化积极认知。

③一个月集中攻破一个消极认知

认知是根深蒂固的思维习惯。不要一次挑战多个消极认知，可以试着一个月攻破一个。这样一来，一年可以改变十二个消极认知。

④应用于今后的目标

请持续采取能够弱化消极认知、强化积极认知的行动。将积极认知应用于未来的目标，进一步从日常生活和工作中积累成功经历。将这些经历也写入心情日记。

⑤为第二个月设定新的目标认知

三十天后，确定一个新的目标认知并开始解决它。同时，继续在心情日记中对第一个月的目标认知进行处理。也就是说，这些目标认知都要在日常生活中处于考验状态。

要从无意识层面改变一种认知需要六个月。第一个月重点处理该认知，之后的五个月要在日常经历中考验它，就可以养成解决目标认知的习惯。

简而言之，第一个月重点关注该认知，之后在心情日记中记录即可。

第二部分

元行动：自我复盘，终身成长

拥抱积极、正向的认知，学会从各种束缚中解脱出来，让自己的心灵重获自由，过上令自己满意的人生。

在我们还是婴儿的时候，我们认为整个世界会随着我们的想法来转动，我们能够得到即时满足。因此，越长大越能感觉到生活的艰辛和无力。碰到事业小有成就的同龄人，就会因自己一无所成而焦虑；看到媒体发布的经济方面的消息，马上就会因存款不够多而焦虑。

很多人之所以焦虑，是因为表面学习让他们产生了他们已经努力过了这个虚假认知。他们过于期待即时改变，过于希望付出的努力能马上得到回报。

意识很难控制我们的本能，本能却能轻易地左右意识，所以人们往往容易做出和自己主观意识相矛盾的事情。比如我们明明知道焦虑毫无意义，却总是忍不住焦虑。

如果我们能了解事物发展的一些基本规律，主动改变认知视角，找到行动带来的意义和好处，我们就会发现，原来我们的人生可以因为这些转变发生质的飞跃和提升。

本书的第二部分会介绍五个成功改变自己的事例。可以重点阅读和你情况相似的事例，了解第一部分介绍的方法具体如何实施。在这个部分中，不仅介绍了改变认知的方法论，还介绍了每个事例特有的难点和解决方法。请结合自己的实际情况灵活运用这些方法。

第五章

改变容易焦躁的自己

→

焦躁是大家最想消除的情绪之一。对别人发火的话，容易导致人际关系恶化，自己也会不高兴。

很多时候，人之所以会变得焦躁，是因为他人的行为违背了自己的认知。以下几类人很容易让人变得焦躁：

- 在公共场合吸烟的人。
- 对店员傲慢无礼的人。
- 工作效率低的人。
- 没有指示就不行动的人。
- 开会迟到的人。

当他人的行为违背我们心中的理想规则时，例如人品或工作等相关认知，就会让我们变得焦躁。

从本质上来说，"应该如何"这个问题没有正确答案。正是因为不同的认知常常发生碰撞，人与人之间才不会产生矛盾、误解。

我并不是说不能焦躁。我们无可避免地会在生活中感受到某种程度的焦躁。但恐怕所有人都不想轻易变得焦躁，轻易发火，事后后悔吧？

以下是一些会引发焦躁情绪的认知：

- 人应该遵守规则。
- 不能给别人添麻烦。
- 工作速度是最关键的。
- 不守时的人不能信任。
- 必须与人为善。

这些认知都没错。但如果认知过于坚定，不懂得灵活变通，就容易产生弊端。

为了消除不稳定的情绪带来的无用的焦躁感，我们应该正确地和这些认知共处。

容易焦躁而无法与他人和谐相处的A女士

　　A女士是一名会计，今年三十岁，非常容易焦躁。昨天她去了美术馆，碰到三个大妈在旁边高声交谈。很多人虽然面露不满，但还是继续欣赏画作。A女士怒不可遏地瞪着她们，无法专心欣赏画作。

　　看到在路上大摇大摆地抽烟的中年男人时，她也无法抑制自己的愤怒，心里暗骂："要是有小孩子路过怎么办？！这个人只想着自己！"这股怒气难以消散，会在午休的时候发泄到同事身上。

公司里的后辈说话啰唆，抓不住重点的时候，她也没耐心听完，总是催对方说出结论。她的态度让后辈也变得焦躁起来，说的话更难懂了。于是，A女士陷入恶性循环，情绪更加焦躁。她意识到这一点的时候，已经成了让后辈害怕的人。

她希望能改变容易焦躁、情绪不稳定的自己。

A女士的解决方案

步骤1：寻找目标认知

行动1　每天花十分钟写心情日记

下面是A女士一周的心情日记中和焦躁有关的内容：

- 被走路玩手机的人撞到了。——焦躁90%
- 有人在电车里打电话。——焦躁70%
- 三个大妈在瑜伽教室里聊个没完。——焦躁95%
- 咖啡店里有人大声说笑。——焦躁30%

- 听说话啰唆的人汇报工作，对方半天都不说结论。——焦躁90%

行动2　锁定目标认知

以下是她在心情日记中记录的一些认知：

- 给别人添麻烦是最差劲的行为。
- 应该遵守个人礼仪。
- 不应该扰人清静。
- 我必须掌控一切。
- 说话要简洁明了。

通过写心情日记，A女士不再被瞬间的行为和情绪所束缚，看清了自己内心深处的认知。

于是，A女士设定了"给别人添麻烦是最差劲的行为"这个目标认知。

> 步骤2：弱化消极认知

⬇

> 步骤3：强化积极认知

确定目标认知这一步很关键，要通过理性、客观的认识清醒地消化自己与自己周边信息的关系，快速地找到问题所在。为了更好地生活，通过锁定目标认知—有意识地分层—细化，将现实问题逐一攻破，使原本抽象的情绪或状态被有针对性地逐一化解。

下面来看看A女士是如何实践这几个步骤成功改变自己的。

A女士的目标认知：
"给别人添麻烦是最差劲的行为"

步骤2 弱化消极认知	行动1 寻找证明经历
	行动2 寻找例外经历

- 在瑜伽教室里大声说话的大妈给别人添麻烦了。
- 一个老人提醒了在电车里打电话的人。
- 五个年轻人在窄路上并排走路，后面的人被挡住了，都很烦躁。
- 听说话啰唆的人汇报工作，上司也很烦躁。
- 边走路边抽烟的人用烟头烫伤了小孩子。

- 我年轻的时候也和同伴并排走过路，惹得路人很生气。
- 一周前，我在电车里接了一个紧急电话。
- 小时候觉得太过在意面子的父母让人喘不过气来。
- 和朋友喝酒的时候，有时会不顾周围人的目光大声谈笑。
- 紧张地向上司汇报工作的时候，说话很啰唆。

续表

步骤3 强化积极认知	行动1 树立积极认知
	行动2 应用于不远的将来

①我也有给别人添麻烦的时候，所以要体谅别人。

成功经历：在咖啡店里赶工作的时候，旁边的孩子很吵，让我想起了自己调皮的童年时期。我一边听让人集中注意力的音乐一边工作，没有受到干扰。

②我可以制止别人的不当行为。

成功经历：三个大妈在瑜伽教室里大声说话，让大家很烦躁。我提醒她们安静一点，她们立刻承认了自己的错误，很坦诚地道歉了。

③用关怀的态度提出建议，对方就能坦然接受。

成功经历：告诉说话啰唆的下属如何简洁地表达。下属本来因为这个问题很苦恼，所以非常感谢我的指导。

今后，如果下属让我很焦躁，我应该这么想：

①我也有给别人添麻烦的时候，所以要体谅别人。

→解决下属的问题是上司的责任。

　合理安排工作，留出与下属沟通的时间。

②我可以制止别人的不当行为。

→两个下属来找我谈话之前没有充分自主思考。

　我告诉他们应该事先把要说的内容整理好。

③用关怀的态度提出建议，对方就能坦然接受。

→指导下属的时候，谈谈他们的长处以及对他们的期望。

A女士后来的情况

如果有人在瑜伽课开始之前吵闹，A女士就会戴上耳机听自己喜欢的音乐。

前几天在超市里遇到一个新来的收银员，收款的速度很慢，导致顾客排起了长队。如果是以前，A女士一定会勃然大怒，然而，那天她想："这正好是个看有趣新闻的机会。"于是，她拿出手机开始看新闻。没过多久就轮到她结账了。

如果要和公司里说话很啰唆的后辈交流，她会提前跟对方确认："我只有五分钟，可以吗？"此外，她跟同事说好，提前将要报告的事通过邮件发给她，有必要的话，她会主动找对方沟通。这样一来，白天能够集中精力工作的时间更多了。

A女士焦躁的情绪减少了，后辈也不再需要看她的脸色了。有些人甚至会在午休的时候跟她谈论私人话题。听到别人说她最近情绪稳定了很多，她意识到了自己的变化。

认知课堂：转移注意力

解决焦躁情绪的技巧之一是转移注意力。

如果我们太过在意那些让人焦躁的人或事，就很难摆脱焦躁的情绪。我们可以将注意力转移到其他事物上。具体来说，就是将注意力转移到自己的行为上。

以A女士为例，她的方法如下：

·在咖啡店里，旁边的人大声交谈。

→戴上耳机，一边听舒缓的音乐一边工作。

·超市的收银员动作很慢。

→在排队等待的时候用手机看新闻。

·在车里等待丈夫的时间很难熬。

→在等待丈夫的时候读书或者看视频。

如果我们将注意力放在对方的行为上,就会变得更加焦躁。转移注意力是一个实用且能够迅速见效的技巧。以下是一些能有效转移注意力的行为:

①做让你开心的事

如果你正在做让你开心的事,例如看书、玩游戏,时间很快就会过去。你不再有被迫等待的"受害者意识",而是重新获得了自己时间的主导权。

②做当场能做的事

看书、听音乐、看手账、玩手机等短时间内能做的事很适合用来转移注意力。可以利用这些行为缓解焦躁的情绪。

第六章

改变容易情绪低落的心态

一个人自我厌恶的程度取决于如何看待失败。

下面的图片表示的是思维逻辑层次理论。在这里介绍这个理论是因为它有助于减轻自我厌恶感。

当你感到自我厌恶时，如果知道是哪个层次出了问题，就能冷静地思考解决方法，不让自己陷入不必要的低落情绪中。

思维逻辑层次理论一共有五个层次，从上至下依次是自我认知、价值观、能力、行动和环境。

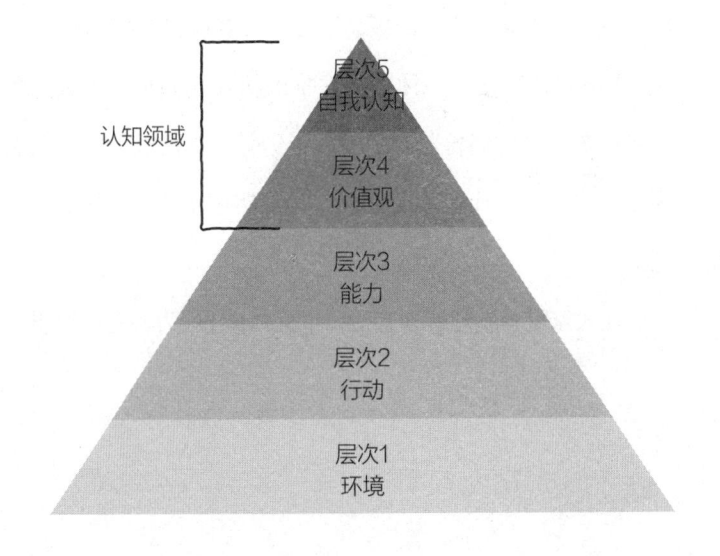

认知领域
- 层次5 自我认知
- 层次4 价值观
- 层次3 能力
- 层次2 行动
- 层次1 环境

层次1环境　是指职场、家庭等自身所处的环境。当环境改变时，人也会发生改变。跳槽、搬家是最容易理解的例子。

层次2行动　是指自己能采取的行动、方法及策略。想实现目标的话，可以通过增加行动量或制定策略来改变结果。

层次3能力　是指自己的技能和知识。明确对自己来说必要的技能，提高自己的能力，就可以改变结果。如果能力不足，就要多加练习；如果知识有所欠缺，就要努力学习。

层次4价值观是指个人信奉的价值观与认知，即本书反复提及的概念。例如，如果一个人认为"销售业绩无法提高是因为产品不好"，就很难实现目标。但如果将认知转换为"销售业绩可以随着行动、策略的改变而提高"，就会变得积极向上。

层次5自我认知　是一种自我评价的认知。如果一个人总想着"我是一个差劲的销售""我没有干销售工作的能力"，那么一个很小的失败也会让这个人觉得"我果然很差劲"，从而变得情绪低落。

为了让大家更容易理解和感受，下面以B先生为例进行说明。

认为自己很差劲，容易情绪低落的B先生

B先生今年四十五岁，职业是工程师。他是一个很容易情绪低落的人。如果因为工作上的错误被上司批评了，接下来的两三天里，他都会闷闷不乐。

一旦产生了"我真的很差劲"这种想法，消极的念头就会一直留在他的脑海中，即使工作结束了也是如此。而且，他很难调整自己的情绪，这让他很苦恼。

日常体会到的自我厌恶感给B先生带来了巨大的压力。例如，B先生从上司那里得到了和去年一样的C级评价。B先生心

想:"为什么我得不到肯定?如果上司这么不认可我,努力也没有意义。"此后,他一直闷闷不乐。

与B先生同在一个部门的高田也得到了C级评价,但他的反应和B先生截然不同。基于上司的评价,高田深刻地认识到,必须改变现在的工作策略。此外,经过反思,他认为自己应该多去拜访客户。

B先生与高田究竟哪里不一样?下面就从思维逻辑层次的角度来解读他们各自的思维方式。

B先生收到评价后情绪十分低落,认为自己是不被认可的差劲的人,这是**层次5自我认知**出现了问题。在自我认知层面否定自己,会让自己深受打击。结果,他感受到了长久且强烈的自我厌恶。

而高田认为自己得到较低评价的原因在于**层次2行动**,即行动量和策略。由于原因处于行动层面,自我厌恶并不会持续很长时间,造成的心理冲击也很小,解决方法十分明确。只要解决方法很明确,就能重拾积极向上的动力。

B先生知道没必要责备自己,但还是反复自我否定。即使知道"想也没用",也无法停下来。他希望能摆脱自责的习惯,更快地转换心情。

其实，如果B先生能够改变自我认知，自我厌恶感就会减轻很多。

下面从B先生的解决方案中看看他是如何改变自我认知的。

B先生的解决方案

步骤1：寻找目标认知

行动1　每天花十分钟写心情日记

下面是B先生的心情日记中和自我厌恶有关的内容：

・马上就到末班地铁的时间了，但该完成的工作还没有做完。——痛苦80%

・给客户交了服务方案，但对方的反应不是很好。——无力感80%

- 已经两周多没有去健身房了。——自我厌恶感90%
- 同事取得了巨大的工作成果，被公司表彰了。——自卑感90%

行动2　锁定目标认知

以下是B先生在心情日记中记录的一些认知：

- 我什么都做不好。
- 我的工作安排很糟糕。
- 我意志力薄弱。
- 我很差劲。
- 工作能不能做好取决于才能。

B先生设定了"我很差劲"这个目标认知。

步骤2：弱化消极认知

↓

步骤3：强化积极认知

B先生的目标认知："我很差劲"

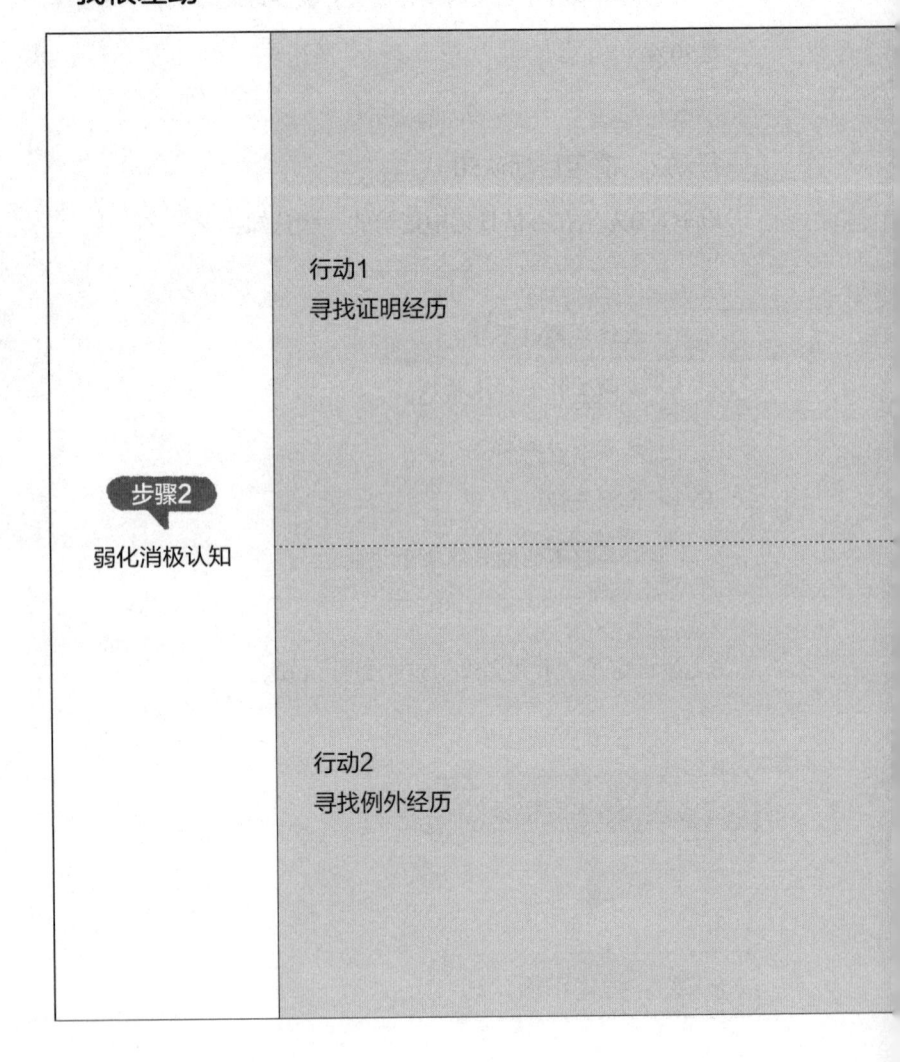

步骤2
弱化消极认知

行动1
寻找证明经历

行动2
寻找例外经历

- 作为技术人员，没有值得夸耀的技能或实绩。
- 小时候很胖，不擅长运动。
- 同期进公司的小A工作比我忙，却考取了更多资格证书。
- 前几天在某个工作项目中被投诉了，被相关工作人员批评了。
- 别人批评我的下属成长得太慢。这都是因为作为上司的我能力不够。

- 小学时非常擅长算术，做100以内的算术题的速度全班第一快。
- 高中时考过年级前十名。
- 高二时被橄榄球队选为正式选手。
- 在同期进公司的同事中第二个升职做主任。
- 获得三次最佳项目奖，被公司表彰过。

续表

步骤3 强化积极认知	行动1 树立积极认知
	行动2 应用于不远的将来

①我在艰苦的环境中也能坚持努力。

成功经历：高中在橄榄球队坚持进行了三年艰苦的训练。新队员中只有八个人坚持下去了。

②只要踏踏实实地努力，就能有所收获。

成功经历：为了克服不擅长运动这个短板，中学时期每天坚持慢跑，最终在学校的马拉松大赛中取得了全校第五名的好成绩。

③我有能力克服自卑感。

成功经历：我本来是易胖体质，如今已经维持标准体重五年了。

今后，如果工作不顺利，我应该这么想：

①我在艰苦的环境中也能坚持努力。

→比起难过，更应该从失败中寻找成长的可能。

②只要踏踏实实地努力，就能有所收获。

→我不能百分之百掌控结果。
　只能坚持做好我能做到的事。

③我有能力克服自卑感。

→即使我不擅长安排行程和培养下属，但只要努力就能做到。现在需要做的只是决定如何努力。

B先生后来的情况

坚持记录了两个月，B先生情绪低落的次数少了很多。起初，他几乎每天都会在心情日记里写"我实在太没用了"之类的话。但是，最近这种情况减少了，他的心情很好。

此外，为了提升自我评价，他养成了每天早晨慢跑的习惯，因为运动能增强自我肯定感。随着信守自我约定的日子越来越多，他对自己的评价也越来越高了。

坚持记录每天发生的事情，并从思维逻辑层次的角度进行解读，B先生渐渐学会了客观地看待事物。当然，遭遇重大挫折时，他还是会情绪低落，但是从打击中恢复的时间变短了。以前大概需要两三天，现在他可以通过记录从第二天开始恢复。

B先生感觉到，虽然自我评价没有立刻得到提升，但是情绪低落的频率和时间都明显减少了。

认知课堂：多自我肯定

B先生之所以会产生"我很差劲"这个自我否定的认知，是因为他小时候很胖。下一页的示意图列出了他自卑的原因。第123页的示意图列出了能证明他有能力的经历。

从图中可以看出，B先生的成功经历很多。幼儿园的时候，他在市级绘画比赛中拿了奖，小学时做100以内的算术题的速度全班第一快。

客观来说，我很难理解为什么他如此不认可自己。但对他来说，那些证明他很差劲的记忆过于清晰。

为了提高自我评价，寻找成功经历非常有效，因为这些经历是积极认知的根源。

**探寻认为自己
很差劲的原因**

探寻

- 42岁
  项目失败

- 23岁
  职场菜鸟恐惧症

- 19岁
  没拿到学分，被父母训斥

- 16岁
  高中第一次语文不及格

- 10岁
  没被邀请参加棒球比赛，被朋友排挤

- 8岁
  不擅长运动，很胖

- 7岁
  母亲担心我因为太胖了而被欺负

- 5岁
  母亲跟邻居阿姨抱怨我太胖了

**探寻能证明自己
有能力的经历**

5岁
幼儿园的时候在市级
绘画比赛中获奖

7岁
擅长算术，做100以内的
算术题的速度全班第一快

9岁
制作的昆虫标本
被老师表扬了

10岁
五门课都拿到了
最高评价

16岁
打橄榄球练出了肌肉，
被人当作拳击手

18岁
考上了大学

23岁
会解决问题

42岁
成为项目经理

探寻

→ 第六章　改变容易情绪低落的心态

这些是他积累了四十五年的自我否定"债务"。虽然不可能一下子就解决，但首先必须停止"债务"累积，然后开始偿还"债务"。自我评价也是如此。

- 减少自我否定"债务"。
- 增加自我肯定"余额"。

可以从今天开始，每天想出三件自己做得很好的事，不断积累自我肯定。这样一来，就能逐步减轻自我厌恶感，情绪低落的次数也会越来越少。

第七章

成为不怕失败、勇往直前的自己

→

生活维持原状时，我们会感到舒适。一旦发生改变，我们就会感到不安，例如结识新朋友，去新的地方，做一些从未做过的工作。

但是，在一成不变的日子里，我们无法成长，也看不到未来。那么，我们应该怎么做呢？

下一页的图中区分了安全领域和变化领域，代表我们对事物的态度和心理状态。

安全领域是指只需要重复过往经历的领域，变化领域是需要面对新事物的领域。在安全领域，人会感到安全、安心、安定，但也会感受到无聊、不满足，有停滞感。

以工作为例，新入职的时候总要面对新挑战，必须不断提高自己的能力。但是，一旦积累了一些经验，能够胜任一些工作，就容易墨守成规，工作也随之变得无聊。这样一来，我们就无法获得成长，工作动力也会减少。

变化领域

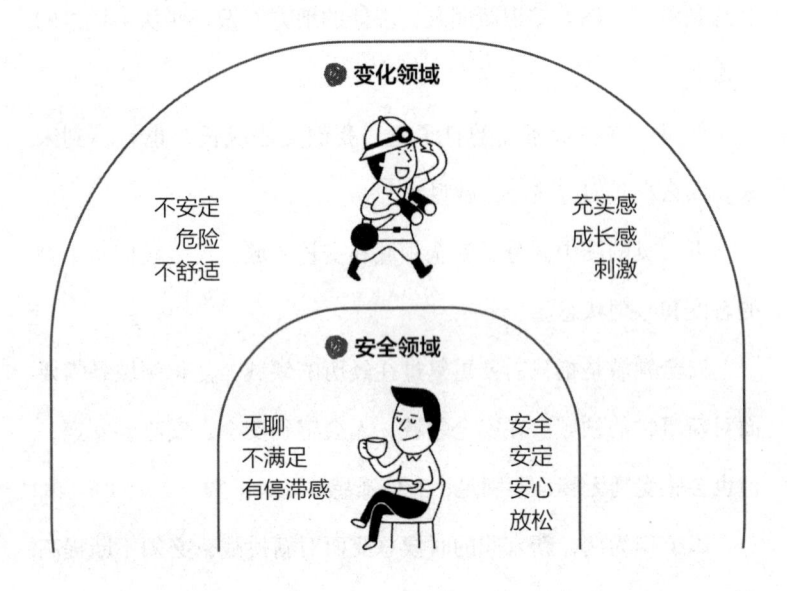

不安定
危险
不舒适

充实感
成长感
刺激

安全领域

无聊
不满足
有停滞感

安全
安定
安心
放松

因一成不变的生活而感到烦闷的C女士

三十三岁的C女士从事销售工作，今年是她工作的第十一年，她比以前更厌倦无聊的职场。周围没有能当作榜样的优秀同事，也看不到未来。每天的工作就是重复相同的业务，感觉不到自己的成长。休息日她一般会在家里睡觉，不怎么出门，已经四年没谈恋爱了。她渐渐习惯了这样的生活。

因为看不到恋爱的可能，她不再精心化妆，也不再打扮了。她一边对未来感到焦虑，一边对一成不变的生活感到焦虑。

要想改变自己，必须主动进入变化领域。

但是，对失败的恐惧以及对不可预测的未来的焦虑会阻碍我们面对挑战，让我们迟迟无法行动。为了向变化领域发起挑战，必须克服恐惧和焦虑。然而，过度的恐惧和焦虑会变成消极认知。

以C女士为例，因为她有以下惯性认知，所以无法行动：

- 我无法改变。
- 我很懒惰。
- 变化伴随着风险。
- 太过招摇会被批评。
- 我遇不到对的人。
- 不想贸然开始，不想吃亏。

C女士想摆脱现在这种一成不变的生活，迎接充满希望的未来。她应该如何努力呢？

C女士的解决方案

步骤1：寻找目标认知

行动1　每天花十分钟写心情日记

下面是C女士在心情日记中记录的认知：

- 每天重复同样的工作。——感觉没有成长80%
- 每天往返于公司和家之间。——闭塞感80%
- 想谈恋爱，但遇不到合适的人。——焦虑80%

行动2　锁定目标认知

以下是C女士在心情日记中记录的一些认知：

- 我无法改变。
- 我很懒惰。
- 变化伴随着风险。
- 太过招摇会被批评。
- 我遇不到对的人。
- 不想贸然开始，不想吃亏。

C女士设定了"我无法改变"这个目标认知。

步骤2：弱化消极认知

步骤3：强化积极认知

万事开头难，敢于迈出成长的第一步很重要。也许我们暂时还不清楚自己的价值是什么，未来应该选择怎样的人生道路。其实迷茫都是暂时的，先开始行动，把眼前的事情做好，在逐步建立自信的同时，我们也能在行动中不断修改和完善自己的思考方式和角度，人生规划自然会变得清晰。

每个年龄段都有其独特的魅力，每个阶段都有阶段性需要学习和成长的事，这需要我们拥有学习和重构自己的能力。

下面来看看C女士是如何改变自己的。

C女士的目标认知："我无法改变"

步骤2 弱化消极认知	行动1 寻找证明经历
	行动2 寻找例外经历

- 因为放弃了和别人认识的机会，四年没谈恋爱了。
- 周末总是一个人待着，而且已经成了习惯。
- 想培养爱好，但是不知道做什么好。
- 重复同样的工作两三年了，感觉自己没有成长。
- 虽然想成长，但是并没有努力提升技能或考取证书。

- 虽然没有男朋友，但是三个月前有人约我吃饭。
- 今年下定决心搬家，离开了住了十年的熟悉环境。
- 两年前上商业培训课程时，认识了能够互相激励的同伴。
- 三年前，为了找到新爱好，开始学习绘画和舞蹈。
- 五年前，有朋友给我介绍男朋友，也会被邀请参加相亲活动。

续表

步骤3 强化积极认知	行动1 树立积极认知 行动2 应用于不远的将来

续表

①沉浸在爱好中,快乐和缘分都会到来。
成功经历:虽然现在的我没找到爱好,但是三年前曾沉迷于舞蹈。前男友是曾经一起跳舞的同伴。
②和积极的人在一起会变得积极。
成功经历:两年前上过商业培训课程。每次和同学一起都会受到激励,工作也更有干劲儿了。
③有了喜欢的人,人生会变得更加丰富。
成功经历:以前有男朋友的时候,总是很期待假期,有许多惊喜。

在今后的三个月里,我应该这么想:
①沉浸在爱好中,快乐和缘分都会到来。
→虽然能否因为爱好遇到对的人是命运的安排,但是可以先专注于自己的爱好,例如重拾舞蹈这个爱好,同时开始尝试打壁球。
②和积极的人在一起会变得积极。
→和能在工作上激励我的人交朋友。联系以前在商业培训课程上认识的朋友,约他们聚会。报名参加新的商业技能讲座。
③有了喜欢的人,人生会变得更加丰富。
→的确,我觉得人生很顺利的时候,工作和恋爱都很充实。要积极创造邂逅的机会,请朋友给我介绍男朋友。

C女士后来的情况

C女士将以前就很想尝试的壁球运动当作新爱好。此外,为了提升自己,她周末会去参加商业技能讲座。

她每周三去打壁球。因为一起运动的人很多,所以她会认真化妆。

商业技能讲座一般安排在周六。为了听讲座,她周六会早早起床做好准备,原本无所事事的周末生活变得很有规律。此外,一起听讲座的都是很优秀的人,她在讲座后的聚会上被激励了。

半年后,一起听讲座的人给C女士介绍了一位男士,就是她现在的男朋友。

为了改变自己,C女士进入了变化领域。最终,无论是工作还是生活都形成了良性循环。

认知课堂：降低心理预期

当我们因为害怕失败而无法行动时，可以尝试先迈出一小步。这样一来，可以减少初期的恐惧感以及对改变的抵触感。

心理学家林纳特·苏宁提出了"最初四分钟法则"。他认为，人在刚开始行动的时候心情会很沉重，行动四分钟后，耗费的精力会越来越少。

实际上，停滞不前的时候心情最沉重，开始行动后心理负担会逐渐减轻，积极性会逐渐提高。当你无法向前迈出一步时，一个重要的诀窍是采取能够抑制焦虑和恐惧等情绪的行动。具体来说，有以下三点：

①缩短时间

从短时间目标开始尝试。不必追求完美目标。

②限定地点、场合

例如，只收拾客厅、只在向上司汇报时运用刚学到的沟通技巧等。

③降低难度

例如，开始做某件事之前先参加体验会、说明会，先尝试一周再决定，改慢跑为散步，等等。

第八章

改变追求完美的自己

完美主义者要求自己和他人都严格遵守规则，因此有时确实能取得成果。但是，过度地追求完美也可能是一种在精神上逼迫自己的思维方式。

例如，经常加班的人可能会因为他们的完美主义倾向而全身心投入到所有事情中，并没有将精力放在重要的事情上，最终犯下大错。

如果完美主义导致了恶性循环，就要重新审视究竟是怎样的认知造成了这种恶性循环。

接下来介绍一下完美主义者的三种典型思维以及导致完美主义的代表性认知。

①认为理应如此的理想主义思维

这种思维并不都是负面的。但是，如果对所有事都太过理想主义，自己和对方都会很累。

认知示例：

·必须努力到底。

· 妥协是不好的。

· 上司必须是下属的榜样。

②不想被他人讨厌的八面玲珑的思维

担心自己没做好的话，会让上司和同事失望，甚至会让他们认为自己无法胜任这份工作。

认知示例：

· 不能辜负同伴的期望。

· 总是优先考虑别人的想法。

· 不能因为工作方面的失误给别人添麻烦。

③认为"不是零就是一百"的极端思维

这是对所有事都以"好或坏""做到了或没做到""成功或失败"这种非黑即白的标准进行评判的一种思维。

但是，所有事都很难完美无缺，也不可能一无是处。工作、学习方面的事很少一次就能做到最好。我们都会随着时间的推移慢慢成长。

非黑即白的思维会让我们完全摒弃这些正常的想法，做出极端评价。

认知示例：

·我总是失败。

·如果做得不够完善，就不能说自己做了工作。

·我完全没有成长。

通过了解这三种思维方式，就能明确自己的心态属于哪种类型。

追求家庭和工作皆完美而疲惫不堪的D女士

三十五岁的D女士是一位育有两岁女儿的职场妈妈。一年前,她重返职场,因为下午五点要去幼儿园接孩子,只能提前下班。

D女士是负责公司内部培训的人事专员,工作内容包括指导后辈和制订培训计划。如果凡事不能亲力亲为,她就会焦虑不安。D女士从早上开始一直努力工作到下午四点,但由于太过追求完美,很费时间,工作往往做得不够完善。

回到家后,D女士要为家人准备晚餐和第二天的便当,还要努力照顾孩子，凌晨一点才能休息。她的睡眠时间越来越少，现在每天只能睡四小时。为了兼顾工作和家庭，D女士身心俱疲，就快到极限了。

D女士不能容忍工作和家庭方面有任何闪失，她想在到达极限之前采取措施，改变这种状态。

D女士的解决方案

步骤1：寻找目标认知

行动1　每天花十分钟写心情日记

下面是D女士的心情日记中有关完美主义的描述：

・接孩子的时间总是很紧张。——焦躁80%

・拜托新员工制作资料，不知道对方能不能做好。——焦虑50%

・洗衣、做饭都要努力做到完美。——痛苦80%

- 有许多事要做，只能睡四小时。——疲倦90%

行动2　锁定目标认知

以下是D女士在心情日记中记录的一些认知：

- 不努力就得不到认可。
- 将工作交给别人不能保证质量。
- 家务和工作都应该追求完美。
- 必须始终扮演好妻子、好母亲的角色。
- 一切都做得尽善尽美才会被认可。

D女士设定了"一切都做得尽善尽美才会被认可"这个目标认知。

步骤2：弱化消极认知

↓

步骤3：强化积极认知

D女士的目标认知：
"一切都做得尽善尽美才会被认可"

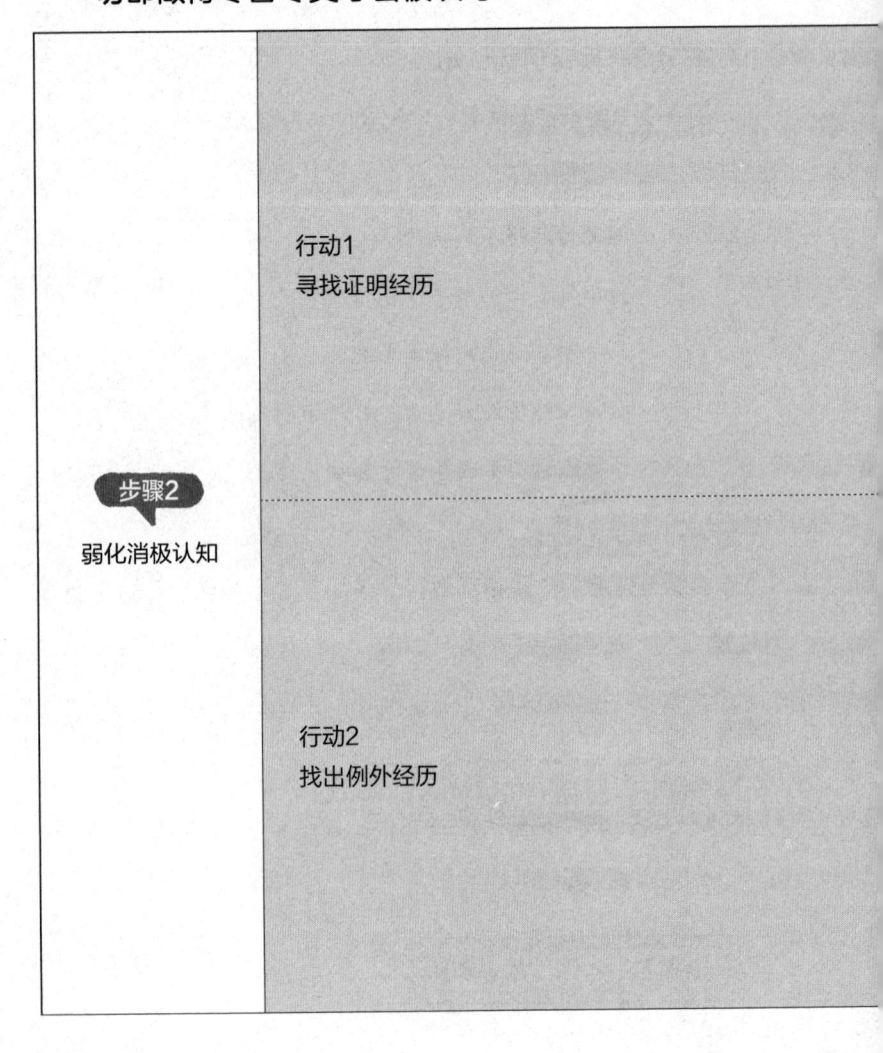

步骤2

弱化消极认知

行动1
寻找证明经历

行动2
找出例外经历

- 开始提前下班时，前辈说："要把该做的事都做好再回家。"
- 因为工作或照顾孩子而没有时间做晚饭的时候，丈夫会责备我，让我不要找借口。
- 听说有位女性每天早上三点半起来给孩子做便当，同时为考取资格证书而努力学习。
- 前几天提交的预算弄错了数字，这个严重的失误给别人带来了麻烦。公司不得不用比去年低10%的预算培训员工。

- 生孩子之前，我每天工作到晚上八点，现在每天下午四点就下班，也取得了同样的成果。
- 今年将一个工作项目交给了下属，最终对方完成得很好。
- 在工作极其繁忙的时候拜托丈夫接送孩子。事后，他对我平时的辛苦表示了感谢："一直以来辛苦你了。"
- 在工作过程中坚持完美，却在关键处犯错了。
  工作效率最高的人不会浪费时间做无用的事，而是早早下班回家。
- 不再苦苦思索晚饭的菜单，而是直接从食谱中挑选，轻松多了。

→ 第八章　改变追求完美的自己

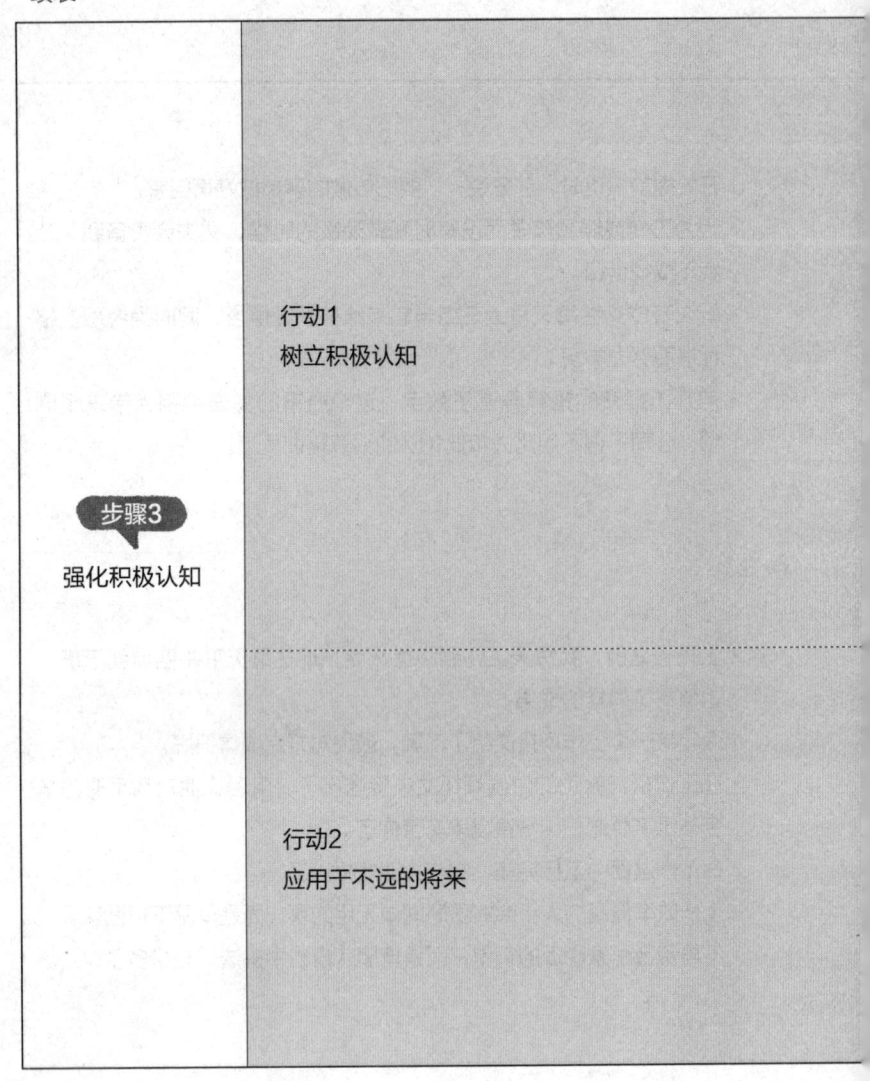

续表

步骤3 强化积极认知	行动1 树立积极认知
	行动2 应用于不远的将来

①在有限的条件下努力，找到更高效的方法。

成功经历：因为申请了提前下班，工作时间减少了四小时，工作效率反而更高了。通过制订计划和规范工作步骤，提高了固定事务的工作效率。因为接孩子的时间是固定的，所以我总是在思考如何才能提高效率。

②在工作中，张弛有度的人能够取得最好的成果。

成功经历：我认识一个同为职场妈妈的前辈，我很尊敬她。虽然她会请假去参加孩子的学校活动，但上司依旧很信任她，周围的同事也都很尊敬她。虽然我的工作时间减少了四小时，但同事们都说我的工作效率很高。

③善于借助别人的力量，工作效率会提高几倍。

成功经历：去年工作最忙的时候，我忙不过来，因此和同事分工完成了预算制作，结果被老板称赞："今年比以往完成得更快，内容也很不错。"

今后，在工作很繁忙的时候，我应该这么想：
①在有限的条件下努力，找到更高效的方法。
→时间越有限，越要动脑筋。
找到窍门，影响整个团队，提高整体工作效率。
②在工作中，张弛有度的人能够取得最好的成果。
→作为上司的我早早回家，能让下属提高工作效率。
③善于借助别人的力量，工作效率会提高几倍。
→将一些工作和权限转交给下属，他们的工作效率会飞速提高。此外，如果下属因为拥有更多权限而更有干劲儿，那就是双赢的局面！

D女士后来的情况

对D女士来说,"必须做好每件事""必须一直努力"等认知是她无法休息的原因。这种想法是徒劳的,因为工作、家务、育儿方面的事不可能都做得尽善尽美。

于是,D女士直面自己的认知,发现自己被完美主义扼住了脖子。她决定改变自己——以后只在周末做饭,工作日吃周末提前准备好的食物。结果,D女士有了更多属于自己的时间。

D女士还将大部分工作交给了下属。三名下属的工作范围增加了,他们似乎更有干劲儿了。D女士所在的工作团队的整体氛围也变好了。

现在,D女士可以在孩子睡着后放松地做三十分钟瑜伽,也能睡得很好,身心都很充实。

认知课堂：设定节点

要想打破所有事情都必须完美这种思维，可以设定节点。通过设定节点，我们可以提高工作效率，优化工作成果。

完美主义者倾向于用他们习惯的方式推进工作，但过程中会人为制造出许多额外的琐碎细节，降低利用时间的效率。

我建议完美主义者将思维方式转化为"最佳主义"。

最佳主义的宗旨是在有限的时间内合理利用有限的精力，以便取得最大的成果。从工作目标和对方的需求出发，我们需要确定好哪些工作需要全力以赴，哪些工作只要按照流程准时完成即可。

这样做的好处是能利用有限的时间和精力最大限度地提高工

作效率。

例如，我会将制作公司内部资料的时间定为三十分钟，然后在开会时使用在这三十分钟内得出的工作成果。如果有错别字、漏字或者意思不通顺的地方，只要口头补充、解释即可。

此外，工作时间也要有限制。我晚上六点以后不做任何工作。为了遵守这个规则，我必须努力思考如何在晚上六点之前完成所有工作。

你是不是也会在晚上六点必须回去的日子里安排好一天的工作，并且有效率地完成？

这就是通过设定节点改善工作过程的方法。

在小事上坚持贯彻最佳主义，半年后就能将最佳主义这种思维方式变为习惯。

第九章

成为能明确表达主张的自己

→

我们应该和他人保持适度的距离。就物理距离而言，我们需要私人空间。例如，电车里有空位的话，我们会特意坐在角落里；新干线的A座和C座会先卖光，最后剩下B座。因为大家都想和别人保持距离，保护自己的安全。

从心理学角度来说，我们也需要这样的空间。当然，人不可能在职场和家庭中独自生存，所以不可能凡事都自由。但我们不能完全牺牲自己的自由和欲望。

为了解决这个问题，我们需要保护"自我领域"。

自我领域是指属于自己的时间、优先事项、环境等。"心理分界线"会将自我领域与他人、外界环境隔开。

为了维持"老好人"形象而忍耐到极限的E先生

　　E先生今年四十五岁,从事法务工作。如果有人请求E先生办事,他总是无法拒绝。他非常不想被别人讨厌,所以看到别人有困难时总是无法拒绝,接手的工作越来越多。即使自己很忙,也不好意思拒绝,最后发现自己总是一个人加班到深夜。

　　此外,因为无法拒绝别人,他还成了公司聚会的筹备人员、社区自治会的工作人员和家校委员会的干事,事务越来越多。

　　最近,因为工作太多,他常常无法履行对家人的约定,妻子很不高兴。他非常希望能改变这种先人后己的思维方式。

其实，一旦产生了"忍一忍就好了"这种想法，就会一发不可收拾。当累积的忍耐达到顶峰时，极限就会到来。

E先生之所以陷入恶性循环，是因为他总是自我牺牲，不为自己争取利益。适度的忍耐在人际关系中是必要的，但是过度自我牺牲必然会引发问题。

从表面上看，E先生做这些事的原因是"不想惹对方生气""看到别人有困难，所以想帮助别人"。但他内心的真实想法是"想做个好人""想被别人表扬""不想被讨厌"。

保护心理分界线，让自我领域不被侵犯是很重要的，但E先生似乎没有做到。为了应对其他部门的临时咨询，E先生加班到晚上十一点，结果没有实现早起这个目标。其他部门的负责人下午五点突然请求E先生紧急调查某个事项，E先生认为，如果不赶快做完，对方会被上司责骂。因为不希望对方被责骂，他立刻开始处理。结果，同事总是找他做"今天必须做完的工作"，产生了恶性循环。

E先生承担大量紧急工作的真正原因是他的自我领域的边界线非常不明确。他给其他部门的负责人留下了他"无论何时都能处理工作"这个印象。如果他是在自愿的情况下做这些紧急工作的，确实能得到很好的工作成果。但是，如果现在的状况让他很不满，就应该设置明确的边界线。

拥有明确边界线的人具备以下认知：

- 下班后是属于自己的自由时间。
- 如果需要加班完成突发性工作，必须有明确的理由。
- 我不是打杂的人。
- 只有珍惜自己的时间，才能珍惜他人的时间。

自己的认知会设置心理边界线，影响自己与他人的关系。其他部门的负责人并不会对所有人提出类似的不合理要求，这就是证据。他无意识地暴露了自己的边界线，对方认为他可以做到，所以才会提出请求。

当然，只顾自己的人无法好好完成工作，我们需要一些灵活变通的能力。但如果没有规矩，我们的情绪会被扰乱，累积的压力也会变大，最终引发暴饮暴食、家庭关系破裂等问题。

所以，我建议大家设置一些应对他人的规矩，形成认知，保护好自我领域。

E先生的解决方案

步骤1：寻找目标认知

行动1　每天用十分钟写心情日记

下面是E先生的心情日记中和难以拒绝他人有关的内容：

・今天临时被委派了三项制作资料的工作。本来和家人约好一起吃饭，最后没能做到。——焦躁70%

・工作繁忙的时候，下属说想休假，无法拒绝，只能自己周末加班补上下属落下的工作。——疲劳90%

行动2 锁定目标认知

以下是E先生在心情日记中记录的一些认知：

- 必须帮助有困难的人。
- 惹怒对方是因为自己能力不足。
- 对于别人的请求，必须立刻做出回应。
- 工作上不应该优先考虑自己。
- 拒绝别人会被讨厌。

E先生设定了"拒绝别人会被讨厌"这个目标认知。

> 步骤2：弱化消极认知
>
> ↓
>
> 步骤3：强化积极认知

我们很容易以一种固定的标准来评价和要求自己，比如，认定自己是什么样的人，应该有什么样的性格，从而限制自己。

实际上，人之所以能够成长，就是因为拥有独立思考并做出判断的能力。我们内心的真实情绪只有自己才能够感受到。没有人可以剥夺我们独立思考和做出判断的权利，我们必须对自己的人生和情绪负责。

在工作方面不敢为自己争取任何机会，在爱情方面不敢向暗恋的异性表白，在社交方面因为怕尴尬而刻意寻找话题……我们因为"脸皮薄"而做了很多和自己本意相违的事情。

有时候，"做个好人"不一定是褒奖，"做个脸皮厚的人"也不见得是一件坏事。如果不懂得拒绝，总是违背自己的意愿被动地接受别人的要求，盲目地追随别人，压抑自己的本性，就无法获得真正的平静与喜悦。如果你不愿意，就要拒绝。

害怕让别人失望，就会让自己失望。只要做回自己，你就会发现头顶的天空都会格外蓝。

下面就来看看E先生是如何改变自己的。

E先生的目标认知:
"拒绝别人会被讨厌"

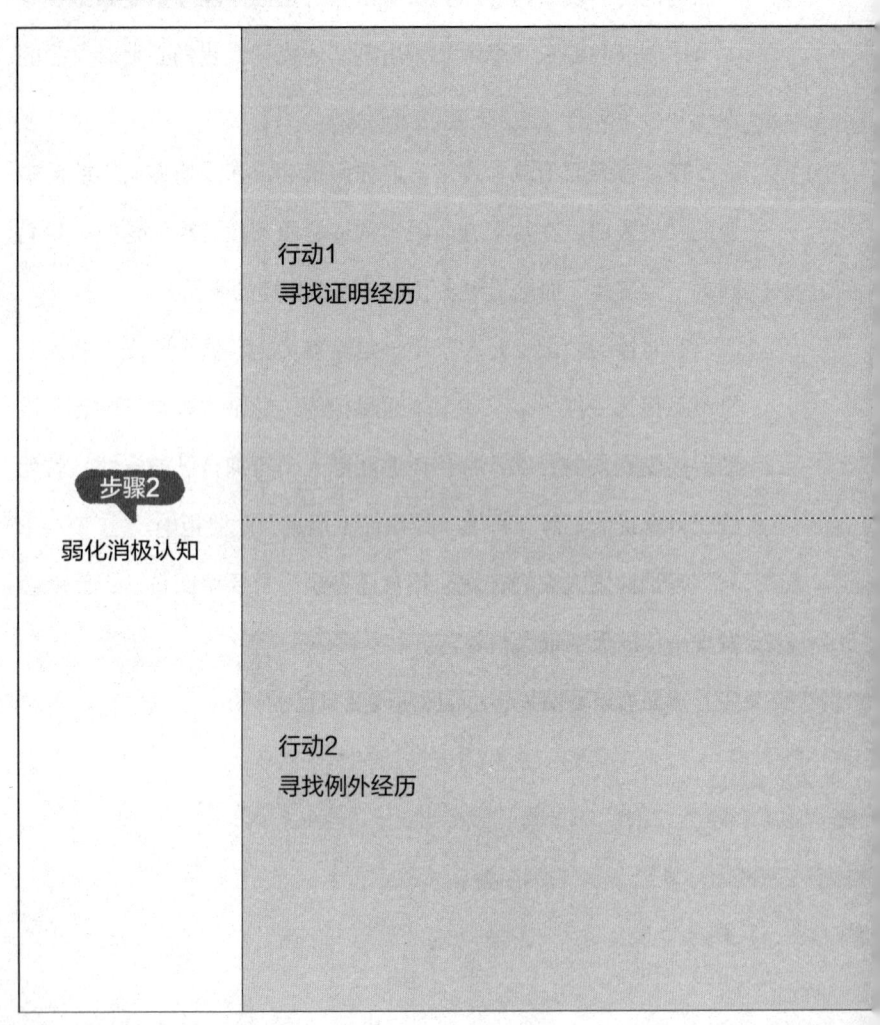

步骤2 弱化消极认知	行动1 寻找证明经历
	行动2 寻找例外经历

续表

- 以工作繁忙为由拒绝担任家校委员会的干事，对方抱怨："大家都很忙啊。"
- 小时候，父母总说不擅长和人打交道的人很冷漠。
- 拒绝其他部门的聚会邀请，有人在背后说我不合群。
- 邻居家不合群的孩子在学校里被欺负了。
- 以前拒绝过前辈的请求，对方说："明明是个新人，居然这么狂。"

- 告知客户自己期望的截止日期，对方很爽快地调整了工作计划。
- 面对别人突然的临时请求，以"稍后确认一下日程再回答"为由拒绝了对方。
- 因为无法拒绝别人的请求而一直加班，过于疲惫，没能按时交差。上司说："要是做不完，应该一开始就告诉我。"
- 工作能力很强的前辈不会轻易接受别人委托的工作。
- 同部门的一个同事从不参加聚会，并没有被大家讨厌。

→ 第九章 成为能明确表达主张的自己 167

续表

步骤3 强化积极认知	行动1 树立积极认知
	行动2 应用于不远的将来

续表

①只要解决对方的问题，对方就会很高兴。除了接受对方委托的工作，还有其他解决方法。

成功经历：去年工作最忙的时候，我无法接受别人委托的工作，就给对方介绍了其他可以接受委托的人，对方非常感激。

②只要冷静下来，我就可以和对方交涉。

成功经历：如果对方通过邮件联系我，我就有思考的时间，能够拒绝不合理的请求。

③有诚意的解释会让对方理解。

成功经历：客户提出达不到的要求时，我带着诚意向对方解释情况，最终对方爽快地表示理解，一直和我维持着良好的关系。

今后，为了改善陷入恶性循环的生活，我应该这么想：

①只要解决对方的问题，对方就会很高兴。除了接受对方委托的工作，还有其他解决方法。

→有人提出请求时，首先倾听对方的问题。

如果无法帮忙，可以和对方一起思考解决方法。

②只要冷静下来，我就可以和对方交涉。

→有人提出请求时，不要立刻回答，留出思考的时间。好好思考再进行判断。

③有诚意的解释会让对方理解。

→我决定继续担任家校委员会的干事，辞去社区自治会和筹办聚会的工作。

向社区自治会会长坦诚地说明自己的情况，提出关于工作交接的解决方法，不让对方为难。推荐接手工作的人选。不知道对方能不能理解，总之，先真诚地应对。

E先生后来的情况

由于工作实在太忙，E先生决定辞去社区自治会的工作。他向社区自治会说明了自己的情况，推荐了接手工作的人选，提出了关于工作交接的解决方法。于是，社区自治会会长非常爽快地答应了。

这证明"有诚意的解释会让对方理解"这个认知是正确的。

在工作方面，为了保证晚上七点准时下班，他制定了一条规则——原则上下午三点以后不接受需要当天完成的工作委托。实际上，只要跟对方沟通一下，就可能会得到"明天做完也可以"这个答案。此外，他现在可以拒绝参加不感兴趣的聚会，有了更多的空闲时间。

现在，E先生觉得自己掌握了工作和生活的主导权。

认知课堂：有效表达自我主张的技巧

我们必须坚持自己的主张，才能与他人保持适当的距离，保护自我领域。同时，我们要考虑对方的立场和感受。

我想在这里介绍一些能够很好地表达自我主张的技巧。实践的时候可以根据本书的解释做一些调整，以达到更好的效果。

基于以下五点进行沟通，更容易将自己的想法传达给对方：

①感谢（对学到的东西、注意到的东西等表达感谢）。

②事实（告知对方这次发生的事实）。

③情绪（告知对方自己的情绪）。

④建议（提出解决方案）。

⑤效果（告知对方有什么好处）。

例如，假设有位前辈总是在你发言的时候当众大声斥责你，你可以结合以上五点，这样跟对方沟通："很感谢您指出我发言中的错误和漏洞。我有很多不足之处，今后也请您多指导我（感谢）。但是，我想跟您讨论一下今天的问题，您指出我分析的原因太浅薄、解决方案也不够有力（事实）。说实话，您在所有人面前大声反驳我，让我很沮丧，甚至无法思考（情绪）。因此，如果可以，希望您以后能在会后单独指导我（建议）。这样一来，我也能集中精力改善您提出的问题，今后不再犯同样的错误（效果）。"

当然，生搬硬套这个模板是不现实的，实践时必须将这五点灵活地结合起来。但是，比起感情用事的自我主张，这种方法更容易让对方接受。

能否有效地表达自我主张取决于措辞、语气、与对方的关系等多种因素，所以没有标准答案。我们可以结合以上五点，通过反复实践和反思来提高自己。

后记

开始自我改变,你可以做到

感谢大家读到最后。

美国著名思想家博恩·崔西有句名言:"你的人生体现你的思想。改变思想就能改变人生。"我非常赞同。

正如我在前言中提到的那样,不改变认知就无法从根本上改变自己。但是,认知这个概念很深、很广,很难用语言解释清楚。

阅读本书,我们可以更清晰地从旁观者的角度观察自己、分析自己。

只要坚持以探索自我为目的养成记录习惯,你一定能在日常经历中找到反复出现的认知，然后将积极认知应用于今后的生活中，并且不断强化。

通过实践，你一定会发现自己真的改变了。曾经让你情绪低落的事现在很难动摇你的内心。

希望本书的读者能够坚持记录，积极实践，通过改变认知来彻底改变自己，甚至改变人生。